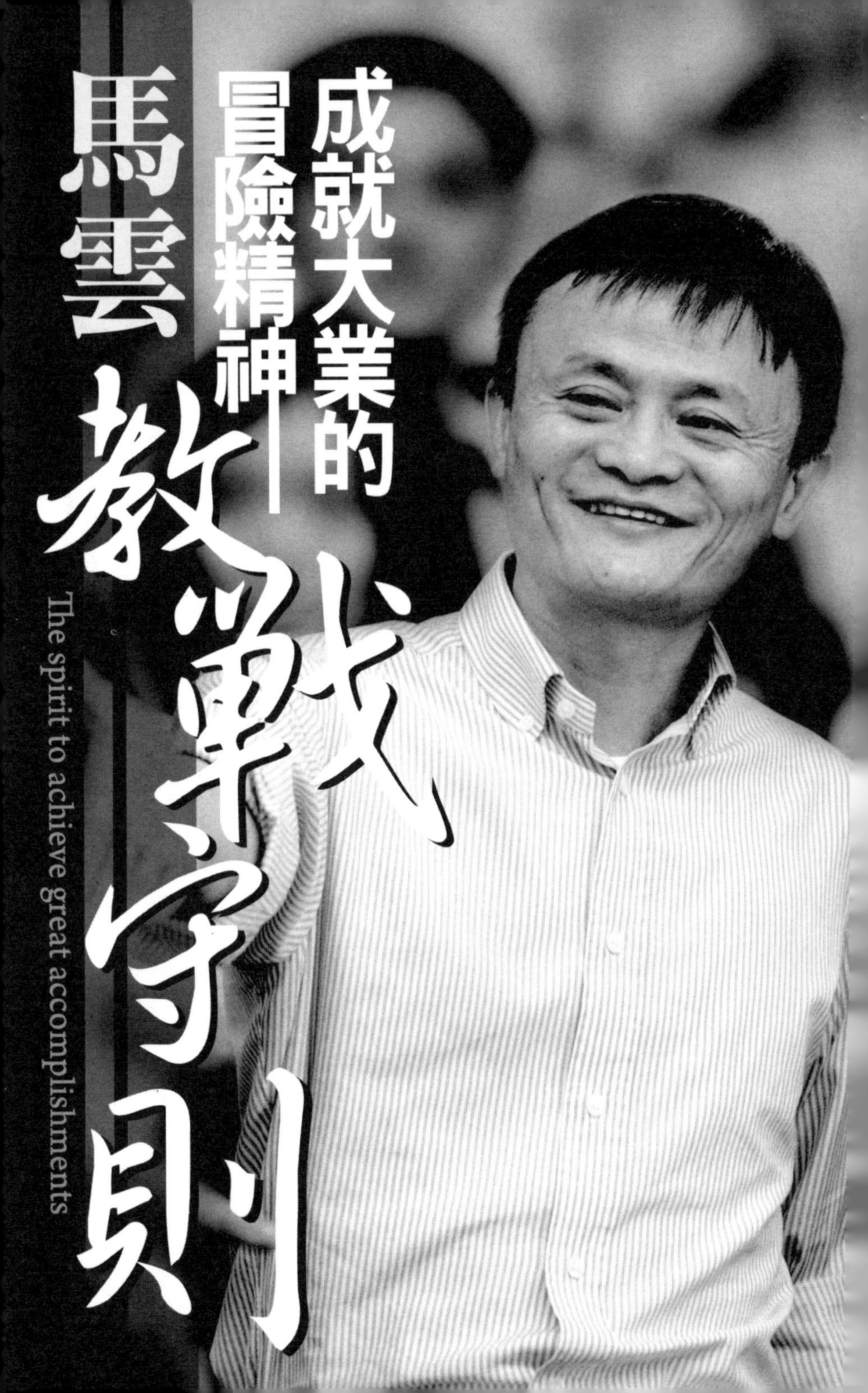

成就大業的冒險精神—馬雲教戰守則

The spirit to achieve great accomplishments

成長階梯：63

成就大業的冒險精神—馬雲教戰守則

編著　柯誠浩
出版者　大拓文化事業有限公司
執行編輯　廖美秀
美術編輯　林家維

總經銷　永續圖書有限公司
劃撥帳號　18669219
地址　22103 新北市汐止區大同路三段一九四號九樓之一
TEL　（〇二）八六四七—三六六三
FAX　（〇二）八六四七—三六六〇
E-mail　yungjiuh@ms45.hinet.net
網址　www.foreverbooks.com.tw

CVS代理　美璟文化有限公司
TEL　（〇二）二七二三—九九六八
FAX　（〇二）二七二三—九六六八

法律顧問　方圓法律事務所　涂成樞律師

出版日◇二〇一五年一月

國家圖書館出版品預行編目資料

成就大業的冒險精神：馬雲教戰守則 / 柯誠浩編著.
-- 初版. -- 新北市：大拓文化, 民104.01
面；　公分. --（成長階梯；63）
ISBN 978-986-5886-92-9（平裝）
1.馬雲 2.企業經營 3.職場成功法
494　　　　103023141

前言

馬雲和他創立的阿里巴巴已經走過了十餘個年頭。在這十多年中馬雲和阿里巴巴經歷過高峰也經歷過低谷，沐浴過春風也遭遇過寒冬。然而嚴酷的「冬天」沒有擊垮馬雲和他的團隊，經過了多年的風風雨雨，阿里巴巴集團已經成為中國電子商務的領導者，在世界電子商務行業中也是一個響噹噹的名字。

馬雲，一個當代中國卓越的企業家，他創造了阿里巴巴王國，是《福布斯》雜誌創辦五十多年來成為封面人物的首位大陸企業家，更是贏得了未來全球領袖的殊榮。

一九八八年杭州師範學院（現杭州師範大學）英語系畢業的馬雲曾任教於杭州電子科技大學；一九九二年馬雲開始了他人生第一次創業，即成立了海博翻譯社；一九九九年，馬雲正式創辦阿里巴巴網站，並開拓了電子商務應用，尤其是企業對企業業務；目前，阿里巴巴是全球最大的企業對企業網站之一。阿里巴巴網站的成功，使馬雲多次獲邀到全球多所著名高等學府進行講學，當中包括賓夕法尼亞大學的沃頓商學院、麻省理工大學、哈佛大學等。

在當代中國市場經濟欣欣向榮之際，很多人都想創業，但是他們似乎都有一個不能成行的理由，那就是缺錢。而馬雲的創業經歷告訴我們，沒錢同樣可以創業，同樣可以創出一番偉大的事業。創業不僅需要一顆有遠見的頭腦來規劃藍圖，更需要秉持一顆激情的心將夢想落實於行動。眾所周知，在創業過程中難免會遇到種種困難，如資金不足，人才亟缺，沒有市場，等等，面對這些困難，創業者需要有冒險精神，以積極的心態不鬆懈不氣餒地尋找問題的解決辦法，滿懷信心地迎接每一個挑戰。

縱觀商海風雲，每個成功的企業都有自己的核心價值理念。只有具備社會責任感的企業才會在市場激烈的競爭中愈挫愈勇，只有秉承「先天下之憂而憂」胸懷的企業才能走得更高更遠。馬雲在論述阿里巴巴及其經營理念時強調阿里巴巴的核心競爭力不是技術而是企業文化，由此可見塑造企業文化的重要性。在馬雲的團隊裡強調的是員

前言

工，而不是「鐵打的營盤流水的兵」，不是股東。因為任何一個有生命力的企業都離不開員工的辛勤努力，所以團隊建設一向在企業管理中有著十分重要的地位。企業的領導者不僅要有神聖的企業使命感，更要有開闊的眼界和過人的膽識，這樣的企業才能帶領團隊奔向欣欣向榮的企業未來。

當然，僅僅擁有良好的內部管理是不夠的，對企業而言，生產出的產品能被市場很好地吸收，才能在行業中生存發展下去。如何經營企業是企業人不可回避的問題，如創業初期的資金運作，採取何種商業模式，客戶關係的處理等問題的處理，無不體現著企業人在企業經營中的智慧。所以，只有懂得競爭法則、市場行銷的企業人才能在危機時刻將企業救出困境繼往開來。

在諸多創業者中，馬雲的創業人生無疑是成功的，他和他的團隊創造了中國的互聯網眾多的第一，人們在驚歎他的傳奇人生歷程的同時也很好奇究竟是什麼樣的人生觀、價值觀塑造了今日卓越不凡的馬雲。「尊敬馬雲，是因為他的為人，創業的精神」，很多創業者不約而同的說出心中對馬雲的崇拜之情。

所以，有鑒於成功人士大多擁有著相似的創業理念和人生奮鬥經歷，我們希望透過此書的編撰將馬雲的成功經驗進行匯整及為有志之士提供一個站在「巨人肩膀上」高瞻遠矚的機會。

馬雲曾非常熱心的表示願意將自己的成功經驗與他人分享，他希望能夠幫助眾多中小企業老闆和經理們樹立有意義的做人、做事原則，所以讓我們一起來解讀馬雲，學習馬雲。也許走在創業路上的人不一定都會有馬雲那樣的機遇和運氣，但是任何帶著宏圖偉業目標的行動都需要切實的指導才能更好的實現，這正是本書所衷心希望達到的效果。

第一章 理性

理性是羅盤，欲望是暴風雨

036

做一個產品要有遠見

成功的創業者需要三個因素：眼光，胸懷和實力。——馬雲

048

正確的成功觀念來自於對失敗的認同

多花點時間去學習別人是怎麼失敗的。——馬雲

056

創業不要一開始就想著套現

如果一開始想到賣，你的路可能就走偏了，做任何事都要有時間。人不要一開始就想著原始積累，還應該往前走。——馬雲

第一章 理性

理性是羅盤，欲望是暴風雨

065

千萬別說自己的理念有多好

我想給我們這些創業剛剛開始的人一個建議，公司還很小的時候千萬別去講理念，別人不一定會認同你的理念，但是都會按照你做的做。你這麼做的時候才是理念體現出來了。讓別人來說你的理念好，自己千萬別說我的理念有多好，那就會沒完沒了的吵架，吵得過你的人認同，吵不過的人就會有看法。——馬雲

073

一次只能抓一隻兔子

輸了都是因為我一時的貪念或者一時的衝動所致。CEO主要的任務不是尋找機會，而是對機會說NO。我一次只能抓一隻兔子，抓多了，什麼都會失去。——馬雲

079

創業一定要找適合自己的產品

十年的創業告訴我，我們永遠不能追求時尚，不能因為什麼東西起來了就跟著起來，永遠要做最適合自己的。——馬雲

086

要想生存首先要做好而不是做大

生存下來的第一個想法是做好，而不是做大。——馬雲

第二章 理性是羅盤，欲望是暴風雨

理性

108 做選擇時要考慮長遠利益

阿里巴巴可以賺錢的道路實在太多，我現在不想賺這點小錢，因為現在資訊應該是免費和共用的。我們講過一個例子，你現在在跑馬拉松，路邊有很多牛奶和汽水，你可以選擇邊喝邊跑，喝飽再跑，還是先喝一口只要能跑下去就跑下去，等你拿到冠軍以後，你的獎金可以買五十噸、一百噸牛奶。你要有自己的加油速度，你要自己知道自己的體力。——馬雲

117 一個錯誤的決定要比沒有決定更好

有的時候一個錯誤的決定比沒有決定更好。——馬雲

125

每次成功都可能導致失敗

要永遠記住，每次成功都可能導致你的失敗，每次失敗好好接受教訓，也許就會走向成功。——馬雲

133

光腳的不怕穿鞋的

面對網路廝殺就一句話，光腳的永遠不怕穿鞋的。——馬雲

第二章 冒險精神

想成就大業，就應該有充分的果斷和勇氣

140

寧可戰死，不被嚇死

勇而敢者死，勇而不敢者勝，我們勇而不敢。——馬雲

148

敢想敢做是成功的第一要素

經營翻譯社的過程讓我明白成功者至少需要兼備兩種特質，一是大膽執著的性格，二是對市場的敏銳嗅覺。——馬雲

154

有一個好想法要馬上抓住

很多年輕人是晚上想千條路，早上起來走原路。創業關鍵不是因為你有出色的想法、理想、夢想，而是你是不是願意為此付出一切代價，全力以赴的去做它，證明它是對的。——馬雲

第二章 冒險精神

想成就大業，就應該有充分的果斷和勇氣

163 不能等到環境好了再去做

不能等環境好了再去做，那時機會已經不是你的了。——馬雲

172

一個產品只有獨特才能吸引人

一個產品，一個想法如果不夠獨特的話，便很難吸引別人。

——馬雲

180

創新首先是一種態度

淘寶收費需要有一點創新的辦法，我認為所有模仿的東西都不會超出自己的期望，GOOGLE能達到超乎人們期望的高度就是因為他們的創新，而全球最大門戶網站雅虎也是自己創新出來的。

——馬雲

187

必須要個性化

我覺得一定要個性化，我不僅僅希望把雅虎的品牌在國際上樹立起來。我覺得還是要加入中國的東西，就像我在國外吃西餐的話，過兩天還是要加入中餐的東西，我覺得雅虎不管跟美國一致也好，跟歐洲一致也好，只要跟中國一致，就是好的。——馬雲

194

不能創造實用價值的創新沒有意義

做生意最重要的是你明白客戶需要什麼，實實在在創造價值，堅持下去。——馬雲

第三章 創新精神

想像力比知識更重要

201

學會從宏觀思考問題

在政府機關工作的經歷讓我能從宏觀經濟的角度思考問題，眼光就十分開闊。——馬雲

209

大家都覺得是個機會，往往不是機會

在大家都覺得是一個機會的時候，我們不去湊熱鬧。而越在大家都還沒有開始準備，甚至避之不及的時候，往往正潛伏著最大的機會。——馬雲

214

把不佔優勢的事情發揮出潛在的優勢

創新要學會把本來不佔優勢的產品發揮出潛在的優勢。——馬雲

第一章 理性

理性是羅盤，
欲望是暴風雨

做決策不能完全憑直覺

在紛亂的外部環境中用自己的腦袋思考問題和判斷問題。
——馬雲

馬雲說，做決策要理性一點，不能完全憑直覺。

林德布洛姆指出：決策者並不是只面對一個既定問題，而是首先必須找出和瞭解問題。問題是什麼，不同的人會有不同的認知與看法。比如物價迅速上漲，需要對通貨膨脹問題做出反應。

首先，明確這一問題的癥結所在，往往十分困難。因為不同的利益代表者，會從各自的利益看待這些問題，圍繞著通貨膨脹存不存在，若存在，其程度和影響怎樣，以及產生通貨膨脹的原因是什麼等問題，人們都會有不同的回答。

其次，決策者受到價值觀的影響，選擇方案往往會發生價值衝突。比較，衡量，判斷價值衝突中的是與非是極其困難的。靠分析是無法解決價值觀矛盾的，因為分析不能證明人的價值觀，也不可能用行政命令統一人們的價值觀。

再次，有人認為「公共利益」可以作為決策標準，林德布洛姆批評了這種認知，認為在構成公共利益要素這個問題上，人們並沒有普遍一致的意見，公共利益不表示一致同意的利益。

第四，決策中的相關分析不是萬能的。決策受時間與資源的限制，對複雜決策來講，不會做出無窮盡的，甚至長時間的分析，也不會花太昂貴的代價用於分析，或者等待一切分析妥當再作決定，否則會貽誤時機。

西蒙進一步補充，決策過程中要收集到與決策狀況有關的全部資訊是不可能的。決策者處理資訊的能力十分有限，不可能對資訊做出最優化的處理與分析，因而不能獲得百分之百的最佳決策。

因為人的知識有限，決策者既不可能掌握全部資訊，也無法認識決策的詳盡規律。比如說，人的計算能力有限，即使借助電腦，也沒有辦法處理數量巨大的變數方程組；人的想像力和設計能力有限，不可能把所有備擇方案全部列出；人的價值取向並非一成不變，目的會時常改變；人的目的往往是多元的，而且互相抵觸，沒有統一的標準。因此，作為決策者的個體，其有限的理性限制了他做出完全理性的決策，他只能盡力追求在他的能力範圍內的有限理性。

決策者在決策中追求「滿意」標準，而非最優標準。在決策過程中，決策者定下一個最基本的要求，然後考察現有的備擇方案。如果有一個備擇方案能較好地滿足定下的最基本的要求，決策者就實現了滿意標準，他就不願意再去研究或尋找更好的備擇方案了。

這是因為一方面，人們往往不願發揮繼續研究的積極性，僅滿足於已有的備擇方案；另一方面，由於種種條件的約束，決策者本身也缺乏這方面的能力。在現實生活中，往往可以得到較滿意的方案，而非最優的方案。

諾貝爾經濟學獎獲得者、著名管理學家西蒙甚至斷言：「管理就是決策。」成就一個企業，需要百分之百的決策正確，而毀掉一個企業，有時只要有一個決策失誤就可大「功」告成。據微軟公司調查顯示：超過百分之七十四的商業決策落後於預定計劃或以失敗告終，每年損失七百四十多億美元。雖然導致決策失誤的因素很多，但缺乏理性的決策首當其衝。於是，如何克服決策的缺乏理性，成為企業危急關頭的重中之重。

美國俄亥俄州立大學的管理學教授保羅・納特在歷時二十年的研究中發現，大約有三分之一的決策最初就是失敗的，因為這些決策從未被執行過。當把那些只得到部分執行或一開始被採用後來又被放棄的決策考慮在內時，失敗率就會攀升到百分之五十。然而，從這些失敗的案例中分析，由於缺乏理性導致的決策失誤又幾乎占到了百分之五十。

決策缺乏理性，後果很嚴重。迪士尼公司曾想當然地認為，歐洲迪士尼樂園的地址應該定在巴黎郊外。結果，開業六年後，虧損了四億美元。福特公司的平托汽車由於油箱設置不當，引起多起傷亡事故。由於決策的缺乏理性，以為賠償傷亡費用就可了事，結果招致起訴，損失高達二點四億美元。如果當時福特高層做決策時稍微理性一點，把道德放在第一位，選擇召回汽車的決策話，至少可以減少損失五倍多。

二〇〇二年諾貝爾經濟學獎得主丹尼爾・卡尼曼（Daniel Kahneman）認為，影響決策者的不僅有經濟因素，還有個人的行為表現：態度、情感、經驗等。其中最為明顯的是，包裝內容的框架左右了決策方向。而且商品的包裝、設計、標籤或廣告代言人，無不彰顯出「框架」對於消費行為的影響。比如有兩幅同樣的油畫，一個裱框是用實木手工雕刻而成，一個裱框是用塑膠注塑成型，很顯然，人們會認為前者的油畫更有價值。從下面的實例研究就可見一斑。

克服缺乏理性決策的有效方法，就是提高認知框架的能力。其關鍵在於：辯明包裝事實的框架；恰當地解釋這個框架；透過現象看本質。如果企業內外部環境發生了變化，還要進行追蹤決策，以彌補缺乏理性決策可能帶來的失誤。即在初始決策的基礎上對組織活動方向、內容或方式進行重新調整。方法有三：一是，回溯分析：客觀分析初始決策的形成機制與環境條件，列出須改變決策的原因，並有針對性地進行調整；二是，非零起點：當追初始決策的條件與對象發生了改變，特別是隨著初始決策的實施受到某種程度的改造、干擾和影響時，及時調整方案；三是，雙重優化：不僅要優化初始決策，還要在能夠改善初始決策實施效果的各種可行方案中，選擇最優或最滿意的決策方案。

一個理性的決策者會完全客觀和邏輯的剔除一個具體的明確的目標。而且在決策制定過程中也會選擇目標最大化的方案。在有些情況下並不容許你有充裕的時間去考慮什麼是最正確的決定。即使在這種情況下，除非是事情緊急萬狀，有效管理者還是會盡可能地搜集資料，並與別人磋商。他甚至可能同時採取兩種不同的措施，然後在情況變得較為明朗時，消除其中一種。他不能拖延，他必須有所決定，這樣的決定是最明智的。

有些在管理崗位上打拼多年的人總是能在瞬間做出較為準確的決定，這讓很多年輕的管理者感到疑惑。那麼他們是採取了正確的方法還是僅憑直覺呢？當沒有時間去整理資料和推演各種選擇方案時，有經驗的管理者會從他的記憶庫中尋找類似的情況。他知道在某種情況下，可能會有哪些問題。只要他能抓住大概，他就知道如何處理；因為之前的這類問題，就是採取這種措施解決的。這種經驗主義在某些時候是有一定的危險的，就是有經驗的管理者可能因為過於依賴以前的經驗，以致未能採取解決新問題的新方法，以及未能抓住新機會。

一般情況下，只要時間允許，優秀的管理者都不會匆促做決定。他們都是按照決策制定的步驟，一步一步地推演。他們確實也經常制定了好的決策！管理者的規劃和組織技能：全盤的規劃愈好，燃眉之急的決策就愈少，這就像下棋一樣，一定要全盤考慮。

在平常的工作中，管理者可以藉著讓部屬參與決策制定的過程，而培養他們制定決策的勇氣。這可以稱為推銷參與式管理。鼓勵別人在會議中提出他們的建議，讓他們親自看到和聽到評價的過程，讓他們看到決策是如何形成的。讓人們看到決策制定的內情，對於人才的培養非常有幫助。

有的管理者認為單靠自己就夠了，不必再與別人磋商，他們完全誤解參與過程的功能。這一過程雖然是由管理者採取自由的方式來領導，最後的決定權依然屬於他。然而事實上決策是可以借著管理者的引導，而由一群人共同制定的，在這個過程中多方受益。這種方式不是在剝奪管理者的影響力，而是在增加他的影響力。

要看到自己專案的前景

企業在定位過程中要明白自己的產品是不是能走那麼遠，是不是可以走那麼遠。——馬雲

任何種類的工作都一樣，對於一位銷售人員想要專精，都要靠自己的意志力以及努力去學習，才能成為自己的東西。透過自己將產品知識轉達給客戶，滿足客戶需求。因此，必須刻意地、主動地、從更廣泛的角度，專精自己對產品的知識。

產品的價值在於它對客戶提供的效用，因此，專精產品知識不是一個靜態的熟記產品的規格與特性，而是一個動態的過程，要不斷地取得和產品相關的各種情報，從累積的各種情報中篩選出產品對客戶的最大效用，能最合適地滿足客戶的需求。

銷售人員掌握產品資訊的主要管道是企業的相關部門和同事、客戶。只有詳細瞭解產品，產品蘊含的價值才能透過自己的銷售技巧展現出來。分析產品的時候不要加以任何感情因素，產品就是產品，即使是不需要的人，他同樣會承認這個產品的存在。

這個時候需要像一個工程師一樣，詳細瞭解產品的構成，技術特徵，目前的技術水準在業界的地位等等。對專業的銷售人員來說，仔細瞭解產品的客觀性是發掘產品價值的一個基礎。當然不必明白高深的技術理論，只要知道有這個理論而且這個技術的確在業界是非常有競爭力就行了。客觀瞭解所銷售的產品也是在客戶面前表現自信的一個基礎條件。

學習推銷是急不來的，必須有信心有耐心去不斷的練習，要有恒心自我訓練。首先瞭解自己的產品，否則沒辦法向別人銷售。在銷售我們的產品的時候，一定要瞭解得很清楚，不要一知半解。如果我們只是一知半解，別人會利用我們的無知來攻擊我們而使他們獲利。所以一定要瞭解自己的產品。當然瞭解產品不是為了表現自己。我們要懂得多，講的少。

產品知識是建立熱誠的因素。我們如果想成為傑出的銷售高手，工作熱情是不可缺少的條件。我們需要產品知識來增加勇氣。因為即使我們已經有很多年的工作經驗，也會擔心顧客提出我們不能回答的問題。產品知識會使我們更像專家，讓顧客信任我們。產品知識會使我們與專家對談時更具信心。具備完善的產品知識，也是成為傑出銷售高手的不可缺少的條件。我們需要產品知識來有效處理反對意見。比如：為什麼我們的產品比別人賣的貴？我們的知名度比不上別人等等。我們就需要有充分的產品知識做依據。我們對產品懂的越多，就愈加明白產品對使用者有什麼好處，就愈能用有效的方式為顧客做解釋。產品知識可以增加我們的競爭力，可以有效打擊對手。產品知識能使我們更加有自信。自信是一種境界，讓我們表現得不害怕，不懷疑，不擔心。我們每個人在談到自己熟悉的事物時，都可以滔滔不絕。我們要有勇氣向所有人員提出一個挑戰，有關本公司出產的任何產品沒有人能提出一個我不會回答的問題。最後，我們需要用產品知識贏取顧客的心。讓人們認可我們。

那麼究竟要對產品懂得多少才能成功的將產品推銷出去?簡單的說：有關產品的每一件事。一般來說要知道以下幾點：我們的產品及用途，它對顧客有何益處?我們的產品在哪些方面比其他產品更優秀?競爭者的產品如何。我們公司的發展史及公司經營理念策略。

尋找相關的資料則可以透過：閱讀相關的雜誌與書籍；向上司或其他資深同事請教；向客戶尋求資料；到工廠生產線實地參觀；如果合適的話，最好親自使用自己的產品。

做到對自己產品一個遠期的預估需要建立在對產品的瞭解的基礎上。

業務員的首要工作是要瞭解自己手中的產品，這是開展外貿工作的前提和基礎。具體可以從以下幾個角度掌控自己的產品：

一・從自己作為業務員的角度：瞭解產品的材質、生產工藝、成本構成、性能、用途、使用及保養方法等，要全面。可以與設計、研發和生產線保持隨時的聯繫。

二・從客戶角度：為什麼客戶一定要從我這裡買而不從別人那裡買呢？我的產品能給客戶帶來什麼，能達到什麼效果呢？能不能替客戶節省費用？或者節省時間、精力？能不能增加市場佔有量（銷售額）？效益？還是滿足感？

三・從區域市場角度：該產品的市場分為哪些區域？每個區域的需求有什麼不同？客戶群的分類如何？

四・從競爭對手（同行）的角度：他們的業務增加了嗎？有沒有受到匯率變動以及原物料上漲的影響？他們現在都在銷售什麼規格、花色和材質的產品？他們機器上和廠房裡在生產的都是什麼產品？為什麼他們的銷售量在增加？為什麼有的公司退出了市場？

五・全面瞭解自己公司的情況，尤其是對公司的今後發展方向要有所把握。

六．瞭解自己產品的整個生產鏈的發展動態。

也許你覺得上面這些實在太複雜，但不管用什麼樣的途徑，總之你要能明確解答客戶對於自己產品提出的相關問題，尤其對自己產品的構成、技術特徵、目前技術及品質水準，在業界的地位、產品層次及價格定位做到心中有數。

選擇產品是否正確，關係到企業的生存。正所謂「兵馬未動，糧草先行」。公司的業務結構如何日趨合理，如何平衡自身業務的利潤，如何讓企業朝著正確的方向前進，這一切都是以企業的產品資源為核心，就好像手裡有什麼槍，可能會直接決定比賽的結果一樣，所以所有經銷商在切入新品牌的時候都會考慮再三，細細思量。

行銷學者言，經銷商選擇產品事實上有三個層次，第一層次：從產品本身出發；第二層次：從生產廠商的角度考慮；第三層次：從經銷商自身出發。如果把這三個層次比喻為圍棋中的「三番棋」的話，是否棋差一招，就會滿盤皆輸？

誠如行銷學者所言，這是經銷商選擇產品的最佳準則，也是最基本原則，但在實際的操盤過程中，概念都是抽象的，經銷商的實戰案例才最具價值。

我們可以將經銷商分為三類，這三類不同的經銷商各自選擇產品的要求也各不相同。首先，有創業激情的行業新加入企業：他們有著高漲的創業激情，試圖透過成功代理產品而一舉成功，然後「雞生蛋、蛋生雞」。他們的突出特點就是有著非常陽光的夢想和執著，但缺乏基本的經驗和實力，往往是發現一個自認為很有「錢」景和前景的產品，湊上一些資金，哥兒幾個一瓶酒、一通豪言壯語、一個猛子紮進商海。這類企業每天都在各個角落誕生。

其次，迷失方向的探索和發展中企業：受到殘酷的現實打擊，「錢」景和前景與當初創業時的想像相去甚遠。看著庫存和聽著廠家的指責，當初創業的激情受到重挫，熱情凝固，資金凝固，繼續投資可能會死，停下來肯定要死，處於「進不動，退不出」的境地。請教專家，發現自己成為「三多企業」——要補的課太多，要處理的事情太多，要投資的地方太多。這類企業不在少數。

最後一類是躊躇滿志，已經成「事」的成功企業：經營的產品已經有了穩定的銷量，「手裡有『量』心不慌」，找廠家談判、投資其他產品或者其他行業，好不風光。這樣的企業也有兩類：一是的確有一整套經銷模式和成功經驗，規模越做越大；另一類是利用偶然機會成功沾沾自喜者，一旦按照老方式行事，虧損接踵而來，靠以前的成功養現在的虧空。看清楚自己是什麼樣的企業，選擇什麼樣的產品，同樣重要。

做一個產品要有遠見

成功的創業者需要三個因素：眼光，胸懷和實力。——馬雲

美國作家唐・多曼在《事業變革》一書中認為，「把眼光放長遠」是踏上成功之路的一條祕訣。我們要想成大事，不能沒有遠見，要把目光盯在遠處，也就是要確定自己人生的方向，用遠大的志向激發自己，並咬緊牙關、握緊拳頭，頑強地朝著自己的人生目標走下去。沒有這種特質的人，是絕對不可能成大事的，甚至連小事都做不成。

多變的世界，高速的發展，使得所有的人甚至都無法想像兩年後的社會將成為什麼樣子。但即使如此，想要成就人生，成就事業就不能不去策劃明天預見未來。這就需要有遠見，沒有遠見的人只看到眼

前的、摸得著的、手邊的東西。相反，有遠見的人心中裝著整個世界。如果想成大事，就必須確定你有遠見的目標。對於創業的人來說，沒有什麼比成功更令人嚮往的了。但是，怎樣才能成功，尤其是在現代社會，人與人的關係、行業與行業的關係、企業與企業的關係都比從前要複雜許多，成功就更需要勇氣和方法。

成大事者都是具有遠見的人，因為只有把目光盯在遠處，才能有大志向、大決心和大行動。那麼，遠見是什麼呢？美國作家喬治・巴納說：「遠見是心中浮現的將來的事物可能或者應該是什麼樣子的圖畫。」

遠見跟一個人的職業無關，他可以是個貨車司機、銀行家、大學校長、職員、農民。世界上最窮的人並非是身無分文者，而是沒有遠見的人。假使你擁有一切，但無遠見，明天就會一無所有。生活中不是到處都有這樣的人嗎？

一九七九年，中國剛剛改革開放，法國施耐德電氣公司就看到了自己未來在中國的機會所在，迫不及待地來到中國，在平頂山簽訂了投資在中國的第一個專案，但這筆投資未結果實。一九八三年，施耐德二進中國，同樣無功而返。不過，施耐德公司並沒有放棄繼續在中國尋找投資的機會。一九九二年六月，施耐德公司國際部成立，哈佛管理學院畢業的MBA安德賀當上了國際部總裁。正當他躊躇滿志地尋找商機時，一位同事推薦，天津有一家企業很不錯，不妨到那裡看看。

就這樣，安德賀偕夫人在當年十月第一次來到中國，並取得滿意的收穫。幾年後，安德賀不無得意地向記者「炫耀」著當初的遠見：「當年，中國的浦東還是一片沼澤地，但我從東方明珠只露出的那一個角上，看到了在中國投資的希望。中國之行堅定了我在中國投資的信心，於是果斷地決定與中國合資，在天津成立了合資公司，這就是今天的梅蘭日蘭公司。」

如今的施耐德，這個有著一百五十多年歷史的法國老品牌，已在中國大地紮根開花結下累累碩果，並在多元化經營中成為國際知名的電氣公司。其業務取得了長足進展，現在已擁有八家合資企業、十六個辦事處和三百多家經銷商。中國公司的業務量在全球位居第六，並且以每年百分之三十的速度遞增，預計在未來的幾年，將會僅次於美國公司和法國公司而名列公司全球業務的第三。新任總裁安德賀說，施耐德的目標是立足於中國，與中方共求發展。二〇〇一年春季，施耐德公司慶祝天津梅蘭日蘭合資公司生產銷售的C45MCB小型斷路器總量達到八千萬台之日，他們確定的慶典儀式主題是「共同成長，再創輝煌」。此外，公司已經把在中國從事研究開發提上了議事日程，在北京與清華大學共建了一個培訓與研究中心。

施耐德公司還曾決定，二〇〇二年在中國的投資再追加一億元人民幣。施耐德電氣中國公司總裁夏力威說，公司總部之所以做出這個決定，一方面是出於對中國經濟政策和未來發展的信心；另一方面，施耐德電氣公司在中國的收益率已經越來越高。

在華投資的巨大成功，也使他們強烈地感受到，未來是向著有準備的人敞開大門的，只有預測到未來出現的機會並馬上著手行動，市場前景才會越來越好。

雖然今天的處境並不能使所有的人都滿意，但看到未來才能發現自己的周圍到處存在機會。只要事先做好準備，策劃好未來，就能把挑戰當成機遇。只要預先想得到，實際做得到，這個世界上永遠都會有偉大的事業等待你去開創。

成功的商人之所以成功，原因其實只有一個：他們把世人眼中普通的事情變成了一種機會，他們從眼前的變化中預見到了未來，並且抓住了它。

那些善於策劃未來的商人在發現機會與把握機會的時候如同撒下了種子，終於有一天，這些付出會得到超值的回報。一步一腳印、踏踏實實工作的人其實正在離成功越來越近，可供選擇的道路也越來越寬，越來越平坦，也越來越容易往前走。因此，比爾・蓋茲向我們提出的忠告是：其實未來的成功之路向所有的人都是敞開的，關鍵是要有備而來，謀劃長遠，並知道如何把握機會。

再以投資來論，大多數的投資者都要以理性的眼光來投資，不要以賭徒的目光來投資，否則一定會賠錢。投資的成功與否並不取決於你瞭解的有多少，而是在於你能否老老實實承認自己不知道的東西。投資人並不需要做對很多事情，重要的是要能不犯重大的過錯。

投資是一項需要智慧的行為，只有具備長遠眼光的人，才能夠在一項投資中將其半生的前景規劃在其中並且保證順利實行。俗語說「放長線釣大魚」，其實就是這個意思。有的時候，眼前看上去有利可圖的行業，不一定適合自己的投資行為，因為獲利要受很多因素的影響，如果不一一考慮到就貿然行動，肯定會以失敗而告終。

一個成功的投資者，最出色的地方不在於他投資之後馬上就獲得多少的利潤，而是他的投資行為能夠為他自己日後的發展帶來多大的幫助。從這個角度來看，短期行為、撈一筆就走人的行為只能算是投機而不是投資。如果要在投資中將自己未來的規劃進行落實，就要想常人所不能想，做常人所不能做。

子貢是孔子的弟子中最富有的一個，以善於經商、善為說辭而聞名諸侯。子貢「結駟連騎，束帛之幣，聘享諸侯，所至，國君無不分庭與之抗禮」，史書上稱他富比陶朱公。孔子雖然口頭上「罪子貢善居積」，但內心還是偏愛他的。

子貢能準確預測商情，等待物價漲到頂峰時才賣出，每次都賺大錢。《論語．子罕篇》記載：

子貢曰：「有美玉於斯，韞櫝而藏諸？求善賈而沽諸？」子曰：「沽之哉！沽之哉！我待賈者也。」待價而沽即等待高價才出售。由於子貢善於「預測商情，待價而沽」，不幾年就成為家累千金的大富翁。在現代市場經濟中，資訊的獲得、商情的預測是企業取勝的法寶之一，待價而沽則建立在準確的商情預測基礎上。

子貢的成功之處在於他的遠見，能夠估計到市場上的變化，從而獲得有用資訊。

現代的商場亦是如此，如果沒有遠見，掌握不了市場的變化趨勢，那麼從商致富的夢想何日才能夠實現呢？

香港著名的實業家霍英東先生就是這樣一個善於規劃並且在投資中落實自己計畫的人。他最初進行的投資活動，就是進軍挖沙業。

當時，香港最紅火的是金融業和房地產業。霍英東本想參與這些行業，但是經過周密的考慮，他認為這兩個行業已經接近了投資的飽和程度，一旦自己進行大規模的投資，市場出現飽和，不但無法獲利，反而會血本無歸。那些新加入這些行業的人，只不過是為這些行業的虛假繁榮製造泡沫，最終他們會為此付出代價。所以，應該尋找一個新的增長點作為自己的立足之地。

霍英東先生認為挖沙業是一個十分有潛力的行業。以往的投資者認為這個行業用人力多，獲利少，無法實現快速賺錢，所以問津者寥寥無幾。而霍英東認為，這個行業的利潤之所以少，不是因為這個行業缺少利潤，而是因為生產模式落後，只要經過合理的調整，一定會創造出大量的利潤。何況，香港的地產業發展必然會帶動建築業的大規模興起，到了那個時候，挖沙就可以作為建築業的原料來源而財源滾滾。

經過這番分析，霍英東毅然決定在挖沙業發展，獲得自己在香港經濟中的一席之地。他為了提高勞動效率，引進了先進的設備，從歐洲購買了現代化的挖沙機船，這些船在二十分鐘之內就可以從海底挖沙兩千噸，並能夠自動卸入船艙之中。透過使用新設備，霍英東節省了人力，提高了勞動生產率，在單位時間內創造的價值大大提高，本身獲利便十分可觀。後來，他所預見的香港建築業的大發展果然如期而至，他又靠著提供沙土原料而連連獲利，一躍成為香港商界的巨人。

擁有遠見，就能夠預言未來。缺乏遠見的人會被未來弄得驚惶失措，變化不定會讓他們無所適從，隨處飄蕩。他們不知道等待他們的會是什麼，也不知道自己會落到哪個角落。而那些放眼長遠、視野開闊之人，加上自身的勤奮努力，將來則更有可能實現他們的目標。誠然，未來是沒有辦法保證的，但是有了理想和遠見，成功的機率就會更高了。

心懷遠見且善於等待，可以發現很多成功致富的機會，有了機會就意味著你已經半個腳踏入「富翁」俱樂部的門檻了。不要強調眼前的狀況有多麼綁手綁腳，你的每一步計畫都將在將來實施！將算盤打到計畫實施的情境中去！任何對策都必須基於對未來的演練！一切都在變化，一切都在發展，目標也應該隨著時代而前進！

對領導者來說，做決策的過程就是一個冒險的判斷過程。你要從諸多備選方案中做出選擇（它是你對未來的一種預測），然後憑藉極大的勇氣向組織內外的人宣佈自己的預測。如何讓這一過程的冒險係數實現最小化？領導者可透過實踐和評估以往決策的成效，來錘煉自己的遠見能力，借助遠見做出正確的決策。其中，分析方案靈敏度和發掘最匹配方案是兩個最有效的方法。

欲窮千里目，更上一層樓。做決策是冒險的判斷過程，涉及的一個重要方面就是利用現有知識對未來進行預測，這就是我們所說的「遠見能力」。高效的領導者都具有出色的遠見能力。

一旦你做出某種決策和選擇，就意味著你向世界宣佈了你對未來的某種預測。也許只有你做出了這種預測，也許這種預測是錯誤的。表明自己的立場是需要勇氣的，如果決策的不可逆轉性越強，你需要的勇氣就越多。

要做出某種決策，領導者還需要堅信自己的選擇對自己和企業而言都是正確的，他必須從內心深處認同自己的選擇。如果缺乏這種自信，領導者就不會具有執行決策的勇氣。

遠見能力的關鍵在於能夠發現未來最有可能朝哪發展。此外，它還能給你帶來其他好處。比如，你可以識別關鍵的里程碑事件，預測潛在的環境變化，並識別和預測成功道路上的阻礙因素。這種預測很大程度上取決於領導者的直覺。領導者可以透過實踐和評估以往決策的成效來錘煉自己的遠見能力。

企業的大多數戰略決策都是在上述一種或多種情形下做出的，因此要求企業領導者利用自己的直覺和遠見能力。在下面的例子中，作為電信公司CEO的保羅需要在有限的時間內做出正確的決策，而市場是否能走出低迷狀態並不明朗，並且，分析資料的作用有限。

很早以前，人們就知道了遠見對於做人、對於成功的重要性。據《聖經．箴言》記載，大約三千年前就有人說過：沒有遠見，人們就會放肆。從中我們不難看出來遠見的重大意義和價值。

如果我們有遠見，我們做事就會有目標，因為我們知道做這件事有什麼意義，我們為什麼要做，我們做了之後會有什麼樣的後果。這樣的話，我們就能夠從努力奮鬥之中獲得成就感，獲得樂趣！即使我們是在完成一件枯燥的事情也不會覺得辛苦和累，而是對此充滿激情和動力；即使是最單調的事情也能夠給予我們滿足感。

正確的成功觀念來自於對失敗的認同

多花點時間去學習別人是怎麼失敗的。——馬雲

自從成功學傳入到中國後，成功學就成為一個引人矚目的話題，在國內一下子出現了許多介紹如何成功的書籍著作，並出現了一批稱為職業成功訓練師這個專門教人成功的職業，而且這些成功大師，或許他們覺得他們外國前輩所說的成功學還不足以體現他們的水準，於是又取了一個具有中國特色的成功學的名字超級成功學。

成功學在很短的時間內，成為一種時髦，一種流行，因此也造就了一些教人成功的「成功」者。一些成功學大師所宣揚的所謂人人可以成功，在他們成功案例中充斥著金錢、地位。這一切，對絕大部分普通人是一種誘惑，我在培訓課堂，也親身體驗到那些年輕人，尤其

是剛剛踏入社會不久的年輕人對這種成功理論的那種崇拜，那種狂熱，這種成功理論對他們來說與其說是一種，還不如說更是一場災難。

追求人生和事業的成功，是所有人類的共同天性，在當今的中國社會中，人人都似乎在追求成功，但卻都是很盲目的，那些一夜成名或一天暴富的成功神話，如同瘟疫一樣在社會中傳播著，為人們津津樂道，卻很少有人去深思：究竟什麼是成功？如何去做才能成功？自己是否能成功？金錢、地位、名譽、權力是不是衡量成功與否的唯一標準？如何去從現實的社會角度、人文角度、現實角度、自身角度去審視、去研究成功的含義，從而進行客觀實際，人性化論述？

只可惜的是，我們那些自稱教人成功的成功學大師，並不是用自己的知識和經驗去幫助這些希望成功的人，客觀現實地評價成功、指導成功，而是去迎合那些急於求成的人，尤其是涉世未深的年輕人，宣揚那些浮躁、急功近利，不切實際，甚至帶有點荒唐的方式追求成功，並使這種時髦的所謂成功理論成為許多年輕人的座右銘，並在不知不覺中成為這種所謂成功理論的犧牲品。

冰心曾說過：「成功之花，人們往往驚羨它現時的明豔，然而當初，它的芽兒卻浸透了奮鬥的淚泉，灑滿了犧牲的血雨。」一個我們的長者，也是一個智者的話，你應該能體會到「成功」這一個詞中，包含著多少分量。

二十一世紀，不應該再是個狂熱的世紀，不應該再是個造神的世紀，更不應該是個盲目的世紀，用我們的知識和智慧，用我們的歷史和身邊的事例來仔細分析一下成功學，讓醜陋的成功學走下它的神壇，讓我們所有人的未來和希望能在理智的思維中得以實現。

什麼是成功，這定義似乎很容易下，按照成功學大師的說法，這連小學生都知道，因為只要一查字典就知道，字典上對成功的解釋是：達成預期的目標，許多國內自詡成功學大師是這個詞語解釋的忠實追隨者，（有時我覺得他們做語文老師更合適）。只要每個人能達成你所定的預期目標就是成功，或許再加上另一個條件：即社會和公眾的承認，那你就是個成功者。

現代教育學也證明了，良好的家庭環境和家庭教育，能夠培養和造就人才，但可惜的是，現在社會很少有父母知道如何去教育自己的子女，對子女的教育充斥著急功近利、揠苗助長、你只要看看每次考場門口成群結隊的父母，看看社會上各種樂器，書法、外語的培訓如火如荼，看著那些幼小的孩子休假日到處趕場上課，在對比一下上述所舉的例子，你就知道，為什麼我們大學生越來越多，但成就事業的人越來越少。

李嘉誠先生是香港諸多商業巨人中少有的出身貧寒者，父親李雲經先生一度經商，失敗後回家鄉教書，最終在地方教育上找到了自己安身立命之所。李雲經先生是一個敬業的教育家，是中國傳統教育那種傳道與授業解惑集於一身的教育家。李嘉誠在童年因此受到很好的學校教育和家庭教育，這些教育也為李嘉誠先生今後的成功產生了巨大的影響。

「萬般皆下品，唯有讀書高」的狹義觀念，普遍深植在一般人的腦海裡，大多數的家長都希望子女能獲得高學歷，能成為老闆、富翁、名人，因此，很多家長只是注重孩子的學業成績，追求分數，但忽視孩子自己的能力興趣，忽視了培養孩子的社會道德，忽視了孩子對職業知識與技能的學習、對未來世界的認識，如果你的父母在你學習的時候也只是注重你的學業成績，或你的父母一直教導你要做老闆，做名人，賺大錢的，那我就恭喜你了，你和我一樣，站在了社會的大多數人這一邊了。

有許多成功學專家在他的著作裡或培訓課裡，往往會舉很多世界著名企業的例子或名人的例子來佐證他們的理論，還說只要按照他們的方法去做，你也可以成功，成功可以模仿，成功可以複製。但是，許多哲理不是放之四海而皆可用的，在超過某一範圍，它就會變成謬誤。在運用哲理時絕不能無條件地套用，指導自己的言行，那樣可能會犯下大錯誤。要具體地分析發現哲理的人的具體環境、理論依據，針對的具體情況、客觀實際。

你複製了別人，那就意味著你永遠不可能超過你所複製的對象，從古至今，每一種文化，理念、觀點的形成，絕不可能去複製別人，去走別人走過的路，否則你就成不了一種文化、一種理念、一種觀點。

我們通常講的「實踐倒逼學習」模式，即透過學習他人的案例——實踐結晶，可以開闊視野，拓寬思路，提升分析判斷和實踐決策能力，同時結合實際，靈活地效仿或者予以創新，往往會少走許多冤枉路，取得事半功倍的效果。但是，豐田英二的經歷告誡我們，成功是不能複製的，你只有立足自身特點，求新、創新、才能發展，才能有真正的成功。

著名的管理書籍《執行》一書的作者拉姆．查蘭教授對所謂的「韋爾奇」複製也是持反對意見，他說：「永遠沒有兩個傑克．韋爾奇，沒有兩個理查．布來森，也沒有兩個邱吉爾，誰若是要模仿他們註定是要失敗的。」

那些成功學家的成功學，宣揚的是一種充斥著物欲和急功近利的理念，許多人為此迷失了自我，覺得成功就是地位、榮譽、金錢等等，為了這些東西，他們卻喪失了更多，我前面所舉的用非法手段獲取成功的，就是這種理論的犧牲品。

而事實上，有許多偉大的人物都是事後評功過而成為成功者的，在當時，他們並沒有去刻意追求所謂的成功，或者追求的並不是種有形的成功，他們有時候所做的，得到的並不是鮮花、讚美、榮譽和金錢，如孔子、哥白尼、伽利略等這些成功的偉人，在當時他們為社會，他人所不能接受，甚至受到攻擊，但隨著社會、歷史、科學文化的進步，他們被認可了，歷史證明了他們的偉大，但如果他們當時按照我們現在成功學所教授的，去盲目追求什麼公眾和社會的認可，去追求一個什麼目標，那他們永遠就沒有一個現在那樣的歷史地位和榮譽。

一個真正的成功者，他們最初所追尋的並不是所謂的成功或有形的成功，他們最初追尋的往往是自己的理想和事物的真理，而且，成功不單單指達到某種經濟狀態或目的就是成功，只要你在特定環境下所能達到的完美狀態，這種完美你可以是從經濟、地位，名譽上去理解，但也可以從精神、人格上去理解，因為很多成功的偉人就是這樣的。

創業不要一開始就想著套現

如果一開始想到賣，你的路可能就走偏了，做任何事都要有時間。人不要一開始就想著原始積累，還應該往前走。——馬雲

有大胸懷才能成就大事業。只要心中有了一幅宏圖，我們就可以從一個成就走向另一個成就，把身邊的條件作為跳板，跳向更高、更好、更令人快慰的境界。可以從很多的成功者身上總結出一條：他們之所以成功，就是因為他們都富於有遠見，有博大的胸懷和遠大的目標，並自始至終為之不懈奮鬥。正如人們常說的，心有多大，舞臺就有多大。這種遠大的胸懷和目標是他們走向成功的基石，也使他們歷經磨難而不氣餒，從而獲得成功的果實。

世上的人，有的人認為「吃飯是為了活著」，為了心中的遠大理

想而活著；有的人認為「活著就是為了吃飯」，能夠過上安逸的日子就足夠了。於是，有的人成就了一番大事業，而有的人只能默默無聞一輩子。為實現理想努力的過程中，人生也會變得更加精彩。

在通往成功的道路上，有博大的胸懷、遠大的目標，將會為你提供一個理想的發展平臺，為你打開不可思議的機會之門。大胸懷增強一個人的潛力。人越有博大的胸懷，就越有遠見，越有潛能。大胸懷和遠見使工作輕鬆愉快。當你努力把工作做好時，沒有任何東西比這種感覺更愉快。它給予你成就感和樂趣。當那些小小的成績為更遠大的目標服務時——如使一個遠見成為現實，就更令人激動了。每一項任務都成了一幅宏圖的重要組成部分。大胸懷和遠見使工作更有價值。當你認識到你的工作是實現遠見的一部分時，每一項任務都具有價值，哪怕是最單調的任務也會給你滿足感，因為你看到更大的目標正在實現。

大胸懷和遠見會預言你的將來能夠走多遠。缺乏遠見的人可能會被等待著他們的未來弄得目瞪口呆。風雲變化會把他們刮得滿天飛，他們不知道會落在哪個角落，等待他們的又將是什麼。人生是個機會，這些人希望他們的機會不錯。如果你有博大的胸懷和遠見，又勤奮努力，那麼你將來就很有可能實現你的目標。誠然，未來是無法保證的，任何人都一樣，但你能大大增加成功的機會。

一個企業家，對於社會的貢獻，不再於他創造了多少的財富，而在於其承擔了多大的社會責任。一個企業家，必然具備遠見與從容、責任與胸襟，家園與天下的不凡氣質，成為人們學習的榜樣力量。

在我們的印象中，企業家都是具備冒險精神的人，他們身上，都有一個共通性，那就是對於未來的勇於開拓。這種冒險精神，與其說是一時的意氣用事，不如說是對於未來的遠見。而正是因為這種超出常人的冒險精神，才使得他們脫穎而出，成為茫茫人海中的一顆顆璀璨的星辰。

成功的企業家，必然具備企業家精神，在現代管理學大師彼得．

F．德魯克所下的企業家精神定義中，冒險精神是企業家必須要具備的。從機會成本的角度來看，雖然企業家付出的風險極大，但是他們一旦成功，收益必然巨大，因此，如果沒有冒險的精神，那麼，企業家便不能很好地把握預期，從而失去做大、做強的機會，如果當年盧作孚對於開拓長江航線過於短視，那麼，世界上不過多了一家航運公司而已，絕不會出現一位偉大的航運鉅子。

有容乃大，企業的胸懷決定了企業家的未來，決定了他對於財富、對於責任、對於社會的不同看法。財富對於企業家而言，有些，不過是一長串數字，成為人們茶餘飯後的話題；而有些註定將會流傳後世，成為人們仰望的星空。真正有擔當的企業家，從容，淡定，在大是大非面前，他們有著大無畏的家國情懷，不計個人得失，是企業家中當之無愧的楷模。

在競爭道路上，你的實力再足、條件再好，也要依賴於明智的戰略指導。可以說，戰略決定勝負。從一定意義上來說，今天的企業已進入戰略競爭的年代，企業之間的競爭，在相當程度上表現為企業戰略思維、戰略定位的競爭。凡是有成就的名企，都無一例外的具備了遠見未來的膽識和能力。

如何使自己更有遠見？有一定事業的成功人士有遠見，有很多錢的富豪也有遠見。為什麼？遠見是怎麼培養出來的？需要學習哪些東西？通常來說，你多走一些地方，多看一些事物，對你全面地認識這個世界，以及從這些人和事去總結經驗和感知未來，都有很大的好處，這就是「讀萬卷書，不如行萬里路」的現代版！其實，我們的人生就像一條漫漫長路。要在每天的生活中，不斷地總結，不斷地努力，不斷地學知識、用知識，不斷地積累人生經驗。以這樣來「行路」，你自然會擁有「遠見」的能力。

昨天，不管如何輝煌，它只能意味著過去，是已有的輝煌。為了未來，我們必須忘記昨天的榮譽，驕傲使人虛脫！人類文明和世界的劇變給企業帶來的變化與挑戰無時無刻不存在。如果依舊沉湎於昨日的輝煌與榮譽，調整不好心態與戰略，就會跟不上形勢的變化，也便會失去競爭的優勢，企業的發展會逐漸走入困境。所以，要想走得更遠，就必須忘記昨天，每一天都必須嚴陣以待。

成就一番事業，實現人生價值，是一切有志者的追求，不想當元帥的士兵不是好士兵！通向成功的道路往往不平坦，影響成功的因素複雜多樣。如果耐不住寂寞，好高騖遠、見異思遷，缺乏一種執著精神，結果會一事無成。企業發展也是同樣的道理，唯有專注於一點，集中精力，全神貫注，做一行，精一行，才有可能成功。人活著必須要有追求，如果沒有追求，沒有理想，沒有目標，將會迷失自己的美好心靈在大城市諸多物欲下逐漸失落人性的光輝，會活得很空虛，很迷茫，不知道自己為了什麼而活著。

著名軍事評論家張召忠坦言：「如果今天不生活在未來，明天就生活在過去。」列寧也說過忘記歷史就意味著背叛。在歷史中扮演著不同角色的我們，若不放眼未來，瞭解歷史，而是局限於現在又忘卻歷史，那麼我們就只能存在於歷史的車轍中，看著歷史離我們遠去而身陷泥淖，難以自拔。

聖經上說：「沒有遠見，人民就放肆。」凱薩琳・羅甘說：「遠見告訴我們可能會得到什麼，遠見召喚我們去行動。心中有了一幅宏圖，我們就從一個成就走向另一個成就，以身邊的物質條件作為跳板，跳向更高、更好、更令人快慰的境界。這樣我們就能擁有不可衡量的永恆價值。」

無論是個人還是企業，在發展過程中總會免不了選擇。當機會擺在面前時，要慎重取捨，俗話說得好，「機不可失，時不再來」，我們不能輕易放過質變的良機。在人生的旅程中，想問題、忙工作、辦事情，不能患井底之蛙、鼠目寸光的「短視症」，而必須要有長遠的眼光和高遠的志向，也就是說一定要有遠見，否則，是不可能成就大事的。

將企業做大做強，是每一位企業家的夢想。企業在發展過程中僅僅給自己套上「做大做強」的重負是沒有必要的，只有真正放鬆心態，輕裝前行，路才能走得更遠。一個企業的成功，都有其特定的環境、特定的背景、特定的組合，只有擺正心態，才能真正理清自己的思路。

何謂遠見?用通俗的話來說，遠見就是遠大的眼光，高明的見識；就是看得長遠，在其他人還拘泥於眼前和現實、一葉障目時就已經看到了未來；就是對事件、世界一種前瞻性的預測、認識和見解。明朝思想家李贄說：「但所謂短見者，謂所見就不出閨閣之間，而遠見者則深察乎昭曠之原也。」顯然，有遠見的人，他們看到和想到的，不只是一時的得失和眼前的利益，而是長遠的思考和未來的發展；不只是一滴水、一條溪，而是整個海洋；不只是一個石階、一個平臺，而是整個山脈和巔峰；不只是一個人、一群人，而是整個民族，甚至是全人類。正因為如此，所以，遠見是種大聰明、大智慧，是種高境界、高素質，是種真才能、真本領，是種優修養、優品質。

聯繫實際來說，比如高瞻遠矚、胸懷全域是遠見；及時洞察趨勢、果斷做出決策、搶佔先機是遠見；居安思危、未雨綢繆、防患於未然是遠見。

有遠見者得天下，有遠見者才會贏。遠見催生能力，遠見決定未來。讓我們在生活、工作中自覺鍛煉、培養自己的遠見卓識，努力做一個有遠見的人，以使我們的人生更加多彩、有為，事業更加成功、輝煌。

The spirit to achieve great accomplishments

千萬別說自己的理念有多好

我想給我們這些創業剛剛開始的人一個建議，公司還很小的時候千萬別去講理念，別人不一定會認同你的理念，但是都會按照你做的做。你這麼做的時候才是理念體現出來了。讓別人來說你的理念好，自己千萬別說我的理念有多好，那就會沒完沒了的吵架，吵得過你的人認同，吵不過的人就會有看法。——馬雲

孔子在《論語》裡一共有兩次提到敏於行而慎於言，可見孔子對少說多做十分重視。有人說，少說多做豈不是吃虧了。其實，少說多做，正是聰明人的表現。

子張是孔子的學生，他姓顓孫，名叫師，少孔子四十八歲，是位年輕學生。子張這次來孔子這裡求教，並不是來學仁學義，而是直截

了當地提出了自己的目的：干祿。

什麼叫「干祿」呢？就是如何當上官和如何當官。在古代，俸和祿是兩回事。「俸」等於現在的月薪；「祿」有食物配給。祿位是永遠的，所以過去重在祿。「干」就是干進、干求、干祿，就是如何拿到祿位。換句話說，孔子希望弟子們學仁學義，子張這位學生來的時候，卻與眾不同，要找個飯碗，要當個高級公務員。但是孔老夫子並沒有把他攆出去，反而傳授他一套找到飯碗和保住飯碗的辦法。非常認真地告訴他說：想做一個好領導，做一個良好的公務員，要知識淵博，宜多聽、多看、多經驗，有懷疑不懂的地方則保留，等著請教人家，講話要謹慎，不要講過分的話。本來不懂的事，不要吹噓一大堆，好像自己全懂，最後根本不懂，這就丟人了。如不講過分的話，不吹牛，就會少過錯；多去看，多去經歷，對有疑難問題多採取保留的態度。古人有兩句話：「事到萬難須放膽，宜於兩可莫粗心。」

孔子說了，多聽，可疑的地方先研究，謹慎的說出被實踐公認的道理；多看，把拿不准的事情先擱一下，做那些大家都認可的事情。這不是保守，這叫穩妥，做個穩健的領導也就很簡單了。

從這一段書中，我們看到孔子的教育態度，實在了不起，這個學生是來學吃飯的本領，要如何馬上找到職業。孔子教了，教他做人的正統道理，也就是求職的基本條件。我們為人做任何事業，基本條件很要緊，孔子說的這個基本條件已經夠了。

俗語說：空談誤國，實幹興邦。只有嘴動沒有行動，這種看似輕鬆的行為其實是最虧本的，它消耗的是最寶貴的資源——時間，收穫的卻是最苦澀的果子——懊悔。現實生活中有這樣一些人，他們要麼搬出從書本上學到的一點一知半解的理論，要麼亮出自己身上僅有的一個優點，要麼訛傳道聽

中國人主張謹言慎行。老子《道德經》認為：「知者不言，言者不知」。孔子也提倡：「訥於言而敏於行。」明代朱伯盧先生的治家格言中說：「處世勿多言，言多必失。」民間諺語中有「病從口入，

禍從口出」的說法。

唐代宰相姚崇，是佐唐李隆基開元盛世的名相，他寫過一篇《口箴》：「君子欲訥，吉人寡辭。利口作戒，長舌為詩。勿謂可複，駟馬難追。無掉爾舌，以速爾咎。慎之伊何，三緘其口」。譯為：君子最好閉口，善人應該少說話。犀利的嘴巴要警戒，挑唆的語言會給人留下話柄。不要認為（話語沒影子）說話可反覆，要明白話說出去快馬都追不回來。不要讓你的口舌亂說話，這樣會加速你的災難。還有什麼比這（言語）更要謹慎的呢？你要一而再再而三地封住你的嘴巴。姚崇從政多年，勸人應說話謹慎，不能胡言亂語，以免招惹禍事，更不可搖唇鼓舌，讓人生厭。

聞一多是著名詩人，學術名家。他的治學和為人準則是：別人說了再做，他是做了再說；別人做了要說，他是做了不一定說。但是，該說的時候，他也一定要說，不說如骨鯁在喉，是很難受的。

從報刊上、會議上，我們常常可以看到和聽到的是滔滔不絕的宏論和演說。不少人誇誇其談，其意在於嘩眾取寵。還有人說得冠冕堂皇，而一點實事也不做。更有甚者，說的是堯舜禹唐，做的是男盜女娼，金玉其外，敗絮其中，令人髮指。因此，當前更應提倡少說多做。

現實社會中常有這種情況，真正做事情的人總是被人議論紛紛，被人挑出許多毛病；而不做事情只出嘴巴的人卻永遠正確。在歷史上很多處事世高明的智者，就遵循著這條「沉默是金」的處世原則。

言多必失，多言多敗，只有沉默才永遠不會出賣你。少說話，不等於不說話。做人就應該言出必行，行必有果，所謂君子一言，駟馬難追！要麼不說，要麼說了，就要遵守承諾，就得讓自己所說的話變成現實。言訥而行敏，少說話多做事，將自己慢慢培養成一個謹言慎語、在言語上頗有修養的人。

在工作中要多看別人怎麼做、多聽別人怎樣說、多想自己應該怎樣做，然後積極主動的去做。經常埋怨這埋怨那，只會影響自己的工作情緒，不但做不好工作，還增加了自己的壓力。所以，要看到公司好的一面，對存在的問題應該努力解決而不是去埋怨，這樣才能保持對工作的激情。當公司分配工作時要知道自己能否勝任這份工作，關鍵是看你自己對待工作的態度。有了好的態度，即使是自己以前沒學過的知識也可以在工作中逐漸掌握。態度不好，就算自己有紮實的知識基礎也不會把工作做好。

積極營造一種「埋頭苦幹、少說多做」的工作氛圍，增強工作的超前性、計劃性、針對性；弘揚一種「釘子精神」，以克堅攻難的決心為動力，對看准的事、做出的決策，堅決貫徹。唯有埋頭苦幹，方能成就事業。「少說多做」，就是要始終堅持腳踏實地，不張揚，不靠嘴上功夫，堅持用行動說話，心無旁騖的做。唯有埋頭苦幹、少說多做才能開啟新境界。沒有埋頭苦幹、攻堅克難的頑強毅力和作風，就解決不了這些問題，就很難實現新的發展。

有位管理大師說：「小事影響品質，小事體現品位，小事顯示差異，小事決定成敗。」其實這話一點也不假。一件小事不僅可以反映出一個人的內心，也可以反映一個人的品質。無論你是一個普通人還是一個領導者、管理者，都不能不重視小事，不能不關注小事。如果一個人能夠重視身邊的每件小事，嚴格對待身邊的每一件小事，那麼，也就做到了對自己嚴格要求、對待工作的嚴肅認真。因為我們的生活就是由這點點滴滴的小事情構成的。處理好了小事，大事才能辦成。做事要想在別人前面，做在別人前面。

每一位老闆都在尋找能夠主動工作的人，他們都喜歡先做後說、全力以赴的員工，他們也很樂意和這種人共享事業的成功！從現在開始，為自己也為別人加倍努力，不等別人來吩咐，比自己分內的工作多做一些、比別人期待的多付出一點兒。這樣，在不斷提高自己能力的同時，也會從老闆那裡得到更多的機會。

當今社會有兩種人是永遠得不到提升的。第一種人：不肯聽命行事。即使被人告之多次，他們還是非常不情願的去工作；第二種人：

只肯聽命行事。他們只有在被告之怎麼做、做什麼時，才會著手去辦。真正能獲得提升的是那些主動工作的人。他們比別人想得遠，比別人動手快，用事實說話，用行動說話，這樣無論走到哪裡，都會受到老闆的歡迎。

The spirit to achieve great accomplishments

一次只能抓一隻兔子

輸了都是因為我一時的貪念或者一時的衝動所致。CEO主要的任務不是尋找機會，而是對機會說NO。我一次只能抓一隻兔子，抓多了，什麼都會失去。——馬雲

二〇〇五年在青島網商論壇上，馬雲在演講中說道：「這六年來，我從來不會因為壓力和誘惑改變我的想法。二〇〇一年是互聯網最冷的冬天，二〇〇二年公司要贏利，我發現有三條路可能會通向未來，第一贏利最好的辦法是投資簡訊，第二是迅速投資網路遊戲，第三走電子商務的方向。如果我們投資簡訊很快會賺錢，二〇〇二年、二〇〇三年簡訊業務拯救了很多中國互聯網公司，只要投入這個就能夠賺錢，但是我後來發現它不可能拯救整個中國互聯網經濟，只能夠

拯救一段時間。

「我去一些門戶網站做調查，在註冊免費信箱時，我看到有一個很長的合約，合約裡很不顯眼的一條寫著：如果這個免費信箱註冊三個月以後還將繼續使用的話，那麼我們將會從你的手機通訊費裡面扣除五到八元。我一開始也很納悶，為什麼註冊免費信箱需要手機號碼，看完這個合約，我覺得中國可能有很多很多的人，在註冊免費信箱的時候提供了自己的手機號碼，每個月被扣五到八元，我認為這是一種欺詐行為。隨著人們對網路的瞭解，我相信不用很長的時間，人們馬上就意識到這是一個騙局，所以阿里巴巴不希望透過欺騙客戶讓自己賺錢。所以我放棄簡訊。

「放棄遊戲是跟我的價值觀有關，阿里巴巴到現在為止沒有投入過一分錢在遊戲上面。而且我再分析發現遊戲是在時間不值錢的國家最暢銷的，反正玩吧，時間不值錢。其次你會發現全世界開發出最先進的遊戲的國家是哪些？美國、韓國、日本等，但是美國、韓國、日本不鼓勵自己老百姓玩遊戲，他們用來出口。

「最後，我們還是堅定不移的走電子商務的方向，儘管我們相信電子商務也許三年、四年、五年都賺不到錢，但我們堅信八年、十年後一定能夠賺到錢。所以到今天為止，我們覺得我們當時的戰略舉措比較好，在誘惑面前，在壓力面前我們沒有改變。」

馬雲認為：所有的成功都是抵抗誘惑的結果，對於大多數人來說做成事情與做不成事情，能否抵抗誘惑也很重要。「在面對誘惑時，一定要堅持原則。」「CEO的主要任務不是尋找機會，而是對機會說NO。」馬雲如是說。成功最大的挑戰不是能不能發現和把握機遇，而是能不能抗拒誘惑。機遇的背面是風險，能否審時度勢地評估風險與收益很大程度上決定著成敗。

巨人投資董事長史玉柱也以自己的親身經驗闡述：「我覺得最大的挑戰不在於能不能發現機遇和把握機遇，最大的挑戰是能不能抵擋誘惑。」

他認為，在中國，多元化的企業除了複星之外，成功的沒幾個，做多元化百分之百失敗。中國企業家十年前的最大挑戰在於佔據機遇、把握機遇。隨著這十年來經濟法制的進一步規範，使得各行各業進入白熱化的競爭，所以現在企業家的最大挑戰在於是否能夠拒絕誘惑。以前各行業競爭不激烈，你什麼也不懂，但只要你能進去別人沒有進去，你就很容易賺到錢。現在競爭激烈了，專業化是非常必要的。但是許多民營企業還是沿用過去的思維，即便現在我也有這種認知，但有幾次我也沒忍住，把投資報告交給決策委員會，都被槍斃了。專業化不僅對中國企業適用，全球化的發展趨勢肯定也是專業化道路。

史玉柱將盲目追求多元化寫在了他的《四大失誤》裡：巨人集團涉足了電腦業、房地產業、保健品業等，行業跨度太大，新進入的領域並非優勢所在，卻急於展店，使得有限的資金被牢牢套死，巨人大廈導致的財務危機幾乎拖垮了整個公司。巨人的主業——電腦業的技術創新一度停滯，卻把精力和資金大量投入到自己不熟悉的領域，缺乏科學的市場調查，好大喜功，沒有形成多元化管理的能力。

曾經紅遍大江南北的太陽神公司，是與史玉柱同時期，同樣迅速崛起的保健品行業，因為未能抵擋住「機會」的誘惑，武斷的實施多元化擴張後，只能面臨快速倒閉的最終殘局。

過於看重利益，而忽視長遠發展的企業，往往會選擇多元化的發展戰略。然而，企業盲目的多元化卻很容易將企業帶入失敗的深淵。多元化雖然能夠在一定程度分散風險，帶來很多「利」，但卻會讓管理者失去目標和方向感，分散企業的競爭力。尤其近年來，隨著經濟社會的規範，各行業進入白熱化的競爭，企業面臨著拒絕誘惑的巨大考驗。激烈的競爭下，只有專業化的企業才能脫穎而出。專業化不僅對中國企業適用，全球行業的發展趨勢也必然走向專業化道路。

任何一個企業都和個人一樣，精力是有限的，會受到財力和物力的限制，而市場中的機會又是無窮多。市場競爭總是很激烈，不能因為看到別人在做，出現了一時的利益，就讓企業隨波逐流，這樣註定會遭遇失敗。

每一個有長足眼光的管理者都懂得「無見小利」的智慧。只有拒絕貪圖小利的浮躁，才能夠集中企業力量，發揮出企業的核心競爭力，以長遠發展目標為指引，帶領企業獲得長足的發展。

The spirit to achieve great accomplishments

創業一定要找適合自己的產品

十年的創業告訴我，我們永遠不能追求時尚，不能因為什麼東西起來了就跟著起來，永遠要做最適合自己的。——馬雲

馬雲說，「第一次創業的時候，你想做什麼，到底要做什麼？不要受外界影響，你自己就要確定你今天就是要做這個事情。」

中國有句俗話叫「隔行如隔山」。儘管社會生活中的各行各業是緊密聯繫在一起的，但是每個行業之間卻在許多方面存在著諸多區別，都有其自身獨特的經營之道。所以，作為一名創業者，無論是久經商場，還是初出茅廬，最好選擇一個最適合自己的而非最賺錢的行業領域。

創業是一門大學問。一個外行涉足一個全新的領域去做產品，難

度相對要大得多。一著不慎有可能全盤皆輸。

以股票市場為例，如果你是一個資深股票投資者，你應該知道，在股票市場上，除非出現一些比較大的意外情況，股票的交易螢幕上每天都有上漲的股票，甚至漲幅在百分之五以上的股票幾乎在每個交易日都有。面對如此「令人欣喜」的場景，有個初涉股市的青年說：「賺錢比撿錢還要容易。」其實，真正瞭解股市的老股民都清楚，在股票市場上賺錢的永遠都是少數真正懂股票投資的人。國外有位投資理論家說過，在股票市場上，百分之十的人在賺錢，百分之二十左右的人能打個平手，到最後能全身而退，而百分之七十的人都在賠錢。所以，即使是股市上的老手，也有可能賠得一塌糊塗，更何況初涉股票市場的新手呢？

股票市場如此，創業其實也是如此。

經商創業需要我們發揮自己的優點，需要我們去揚己之長避己之短。選擇創業產品時，一定要仔細斟酌自身的優劣勢所在，切忌冒冒失失，一頭栽進自己陌生的領域而不能自拔。你熟悉餐飲業，你就踏踏實實地做你的餐飲業，而不要去經營汽車配件；你熟悉建材業，那你就踏踏實實地做你的建材業，不要看到眼下經營化妝品的生意很好就去經營化妝品。在進行創業設想的階段認清了這一點，對你以後的創業會大有好處。

總之，作為一名創業者，你需要一心一意、全心全意的去做你熟悉、你懂行的行業，千萬不要人云亦云，盲目跟從，不要好高騖遠，也不要打一槍換一個地方。如果能做到這一點，你創業就很可能會賺到錢。否則，你只有站著觀看的份兒，一個不小心「海」沒有下成，反而喝了一肚子「海水」。

實踐中，在尋找商機的過程中，自然不會有人好心的告訴你哪裡有錢賺，因此，要想尋找到適合自己的創業產品就得靠自己。因為，良好的創業產品，不是你到街上走一趟回來就能夠發現的，而是要經過長期的考察，加上系統的分析才能夠發現的。在尋找適合自己的創業產品時，切記關注以下幾點：

一・確定市場

尋找適合自己的創業專案，首先需要瞭解你面臨的市場是什麼？然後就是你所做的產品在市場中的價值鏈的哪一端？只有提前確定好自己的市場的位置，才能比較的出是誰在和你競爭，你的機遇在哪裡。

二・分析市場

確定好的你的市場位置之後，接下來你就要開始分析該市場了。你首先應該分析這個市場的環境因素是什麼？哪些因素是抑制的，哪些因素是驅動的。此外還要找出哪些因素是長期的？哪些因素是短期的？如果這個抑制因素是長期的，那就要考慮這個市場是否還要不要做？還要考慮這個抑制因素是強還是弱？只有經過對市場的正確分析，你才能進一步做出更好的選擇。

三・市場需求

經過一番詳細的對市場的分析，你就很容易找出該市場的需求點在哪裡，然後對該需求點進行分析、定位，對客戶進行分類，瞭解每一類客戶的增長趨勢。如中國的房屋消費市場增長很快，但有些房屋消費市場卻增長很慢。這就要對哪段價位的房屋市場增長快，哪段價位的房屋市場增長慢做出分析，哪個階層的人是在買這一價位的，它的驅動因素在哪裡？要在需求分析中把它弄清楚，要瞭解客戶的關鍵購買因素，即客戶來買這件東西時，最關心的頭三件事情、頭五件事情是什麼？

四．市場供應

有需求就會有供應。正確的創業途徑是，在瞭解了市場需求後，應該及時的瞭解市場的供應情況，即多少人在為這一市場提供服務？在這些服務提供者中，有哪些是你的合作夥伴，有哪些是你的競爭對手？如乳製品市場中，有養乳牛的，有做奶產品的，有做乳製品分銷的。如公司要做乳製品分銷，那前兩個上游企業都是合作夥伴。不僅如此，作為一名創業者，你還要結合對市場需求的分析，找出供應夥伴在供應市場中的優劣勢。

五・市場空間

作為一名創業者，在瞭解了市場需求和供應後，所應該做的下一步是研究如何去覆蓋市場中的每一塊，如何在市場份額中挖到商機。對市場空間進行分析的最大好處是，在關鍵購買因素增長極快的情況下，供應商卻不能滿足它。而新的創業模式正好能遞補它，填補這一空白，這也就是創業機會。這一點對創業公司和大公司是同樣適用的，對一些大公司的成功的退出也是適用的。對新創公司來講，這一點就是要集中火力攻克的一點，這也是能吸引風險投資商的一點。

作為一名創業者，若想在市場上獲得成功，不但應該知道市場中需要什麼，還要瞭解關鍵購買因素是什麼，以及市場競爭中的優劣勢，只有這樣你才能找出新創公司競爭需要具備的優勢是什麼，並可以根據要做成這一優勢所需條件來設計商業模式。對於新創公司來講，第一步是先把市場占住，這需要大量的合作夥伴，但隨著公司的發展，自有的智慧財產權會越來越多，價值鏈也會越來越長。

對市場進行分析，自然需要各式各樣的資訊，以及正確的觀念與思維模式，因此，創業商機的分析既不能缺少足夠的資訊收集，創業者自身也要具備夠用的頭腦。從難易程度上來看，資訊收集可能更簡單一些，畢竟如今是一個資訊日益開放的網路時代，而對於創業者自身的思維模式而言，平時的培養才是問題的關鍵。

要想生存首先要做好而不是做大

生存下來的第一個想法是做好，而不是做大。——馬雲

馬雲在《贏在中國》的點評裡說，每個成長型企業都會碰到成長中的痛苦，幾乎所有以銷售為導向的企業都會遇到先求生存後求發展的問題。一旦生存好了之後就忘記了自己是為了生存。初創企業都希望迅速做大做強，但生存下來的第一個想法應該是做好，而不是做大，這是我們這麼多年走下來的經驗。

不久前，美國《財富》雜誌最新的全球前五百強名單出爐，這份雖以「強」命名，但實際上卻以規模「大」為衡量標準的名單再次引起了中國企業界的普遍關注。先做大，還是要先做強?這一直是中國企業在戰略上感到非常困惑的問題。

但是，如果我們看一下當初那些曾經來過，又最終離開的企業。我們就會知道，其實這個問題歷史早已經給出了答案。雖然做大做強一直都是中國企業家們夢寐以求的最高理想，但令人心痛的是，我們看到的是一幕幕的大敗局，卻很少看到有企業能夠透過做大而做強的。大多數時候，剛創業的人會因為找不到市場切入口而苦惱不已，但是找到市場的幸運者可能看到的是另外的一片天地：中國的機會太多了，天天都能數錢數到手抽筋。於是急躁、功利、兇猛決然、見到獵物就上、從不顧及生態的「狼文化」為許多企業家當成了圖騰崇拜。於是，我們看到了太多的公司一夜崛起，攻城掠地好不痛快！我們也看到了太多的企業在最短的時間裡被砍殺成一片焦土，成為血腥傳奇中令人歎息不已的一縷青煙。

巨人集團總裁史玉柱曾創造「一年百萬富翁，二年千萬富翁，三年億萬富翁」的神話傳說，那時的他甚至被人稱作了中國的比爾．蓋茲。一九九一年，巨人公司成立，推出M—六四〇二，實現利潤三千五百萬元。一九九二年，史玉柱率一百多名員工，落戶珠海。當時的巨人已經是非常大的企業，年銷售額上億。這樣的軟體公司在中國大陸是少有的，因此珠海政府對巨人非常重視，也給了很多的照顧：高科技企業稅全免，破例審批出國……巨人一下子發展了起來，資產規模很快接近二到三億。手裡有錢，精力也多，史玉柱開始不滿於只做巨人中文卡，他開始做巨人電腦。巨人電腦雖然賺錢，但管理不行，壞賬一兩千萬。巨人電腦還沒做扎實，史玉柱又看上了財務軟體、酒店管理系統。史玉柱去美國考察，問投資銀行未來哪些行業發展速度最快？投資銀行說是IT和生物工程。史玉柱回國立即做了生物工程產品。其他涉足的行業還有服裝和化妝品，公司一下擴充了六七個事業部。

一九九三年，史玉柱成為珠海第二批受到獎勵的知識份子轟動全國。因為當時的人才外流太厲害，為了樹立「中國大學生本土創業」的典型，大陸政府先後批給了巨人四萬多平方米的地，希望史玉柱為珠海爭光，將巨人大廈建為中國大陸第一高樓。當時大陸已經興起了房地產熱，只要是房子就能賣掉，甚至連「預售屋」都能賣掉。所以史玉柱自己也開始有些飄飄然了，巨人大廈從最初預定的三十八層竄至七十二層，所需資金十二億，史玉柱能騰出的現金只有一億。令人意外的是，面對如此巨大的資金缺口，巨人大廈從一九九四年破土動工到一九九六年擱置為止，從未申請過一分錢的銀行貸款。史玉柱將賭注壓在了賣預售屋上，一九九三年，珠海西區別墅在香港賣出十多億「預售屋」。可等到一九九四年史玉柱賣預售屋的時候，中國宏觀調控已經開始，對賣「預售屋」限制越來越嚴格，任史玉柱使出多少解數來宣傳，也只賣掉了一億多「預售屋」。

一九九六年巨人大廈資金告急，史玉柱被迫將保健品方面的全部資金調往巨人大廈，保健品業務因資金「抽血」過量、管理不善的原因，迅速由盛轉衰，巨人集團危機四伏。一九九七年初巨人大廈未按期完工，而購買預售屋的消費者天天上門要求退款。媒體「地毯式」

的報導巨人財務危機。得知巨人現金流斷了之後，「巨人三億多的應收款收不回，全部爛在了外面。」不久，只建至地面三層的巨人大廈停工。巨人集團名存實亡。

頭腦發熱，盲目做大是巨人垮臺的一個重要原因，也是史玉柱心中永遠的痛。史玉柱後來在總結教訓時說：「心情浮躁、好大喜功、好高騖遠，這些詞用到那時候的我身上，一點也不過分。那時候巨人的企業文化是不對的，動不動就提口號，我要做中國第一大。這原來是用來激勵員工的，後來卻把自己也給騙了。現在我再也不敢定這種目標了，我要做的就是，把任何小的地方都做到最好。現在我面對的最大挑戰就是，抵制住進軍其他行業的誘惑。我壓制不住自己的時候，就寫好投資報告，等著自己的團隊斃掉。」

作為中國最著名的失敗者，史玉柱曾失敗得轟轟烈烈。但是幸運的是，經過大起大落的他在後來又很堅強的站起來了。曾經差點成為聯想接班人、被柳傳志送進監獄的孫宏斌，在出獄後又懷揣著柳傳志借他的五十萬元創立順馳的孫宏斌也是一個天才，他一眼就看穿了房地產業的暴漲特質，以最快的速度和最科學緊湊的策略創造了地產界的神話，孫宏斌曾經創造了地產界的神話，鼎盛時期，他的銷售額甚至在二〇〇四年超過了地產老大萬科。但是正如王石所說，「規模不要追求太大，資金鏈不要緊繃、不留餘地，否則市場一有風吹草動就會受到影響」。就當順馳在各地瘋狂「吃」地的時候，國家因為房地產市場過熱而實行一系列嚴厲的調控措施，順馳因為跑得太快剎不住車而為自己曾經的擴張奇蹟付出了代價。二〇〇六年，無奈的孫宏斌只得將辛苦打下的順馳江山拱手送給了來自香港的地產大鱷路勁基建。

我們為經歷失敗又站起來的企業家鼓掌，但更應該看到，另外的一些因為盲目「做大」轟轟烈烈倒下的企業倒得非常徹底，目前還沒有站起來。倒下容易，站起來卻不是一件容易的事情。牟其中的南德和唐萬新的德隆，都曾有過激情燃燒的歲月。他們都曾雄心萬丈的提出進入世界前五百強的宏偉目標，且都在很短的時間裡將子公司開遍全大陸。但「大」並不代表「強」，其脆弱的管理鏈讓他們在危機發生後頓時變成一地雞毛。目前，這兩位曾經叱吒風雲的人物都還在武漢監獄服刑。

據統計，中國大陸集團公司的平均壽命只有七到八歲，而中小型民營企業的平均壽命只有二點九歲。做企業，不死才是硬道理。不求最快最大，但求最強最穩。正如郎咸平所說，「企業試圖透過做大而做強，它的命運就是一個失敗的開始——透過做大而做強的企業幾乎是沒有的。一個企業要發展，應該先做強，然後才能做大」。前人的血液，就是後人的養料。吸取前人的經驗教訓，不要盲目追求規模，先站穩腳跟了，做強了，再考慮做大的問題。

做企業就要耐得住寂寞，擋得住誘惑

一個公司在這兩種情況下最容易犯錯，一是有太多錢的時候，二是面對太多機會的時候。——馬雲

馬雲說，一個企業最重要的是耐得住寂寞，擋得住誘惑。人為什麼會上當？馬雲在《贏在中國》對董冰說：「商業社會經常上當，上當不是別人太狡猾，而是自己太貪，是因為自己才會上當……騙別人的人一定有一天會倒楣，而要不上當就是讓自己能扛得住誘惑，扛得住貪，是因為你貪才會上當。」

清華紫光老總李志強說，企業常常有一種很奇怪的現象，那就是鮮有餓死的，多為撐死的。他說，做企業如做人，如果把企業的規模比做一個人的身高，把企業的利潤比做一個人的力氣，那麼健康的人

應該是高大而有力的。但在成長過程中，是先長力氣還是先長身高？這其實並不重要，重要的是一定要健康，心態要好。

假如有「讓自己的企業成為一隻兔子，還是一隻烏龜」？這個問題讓大陸的企業家做出選擇，很多企業家會選擇做兔子，「快」幾乎成了這個社會的「通行證」。「中國大陸企業離世界前五百強還有多遠」、「中國大陸有哪些企業能進入世界前五百強」成了很多人關注的焦點。在這種思想的指引下，很多企業不停的擴張，它們不約而同的走上盲目「做加法」之路。比如有規模的擴張、有經營產品的擴張、有跨產業的擴張、有企業資產的擴張等。但是，在我們耐不住寂寞，經不起誘惑的時候，往往就是出事的時候了。

二十世紀末，王中旺先生創建了河北中旺食品有限公司，也就是中旺集團的前身。二〇〇四年，王中旺決定實現產品從中低端向高端的擴張和延伸，當年十月，五穀道場註冊成立。

二〇〇五年年初，為了打造自己的高端品牌，同時也為了有別於康師傅等速食麵巨頭，五穀道場在品牌價值上出奇制勝，「拒絕油炸、留住健康」、「非油炸、更健康」等概念被迅速推出。因為當時油炸食品致癌風波鬧得正大，已經讓消費者感到恐慌，所以五穀道場的橫空出世可謂恰逢其時，自然在市場上引起了強大的震憾。

似乎一夜之間，陳寶國《大宅門》中白七爺扮相的五穀道場「非油炸」廣告開始在央視和地方電視臺及各類平面媒體上狂轟濫炸，五穀道場開始紅遍中國大陸，上市當月即獲得六百萬元的銷售額，之後一路增長，市場一天比一天好。半年後，五穀道場市場在大陸全面鋪開，每月回款達三千萬元左右。當時，公司上下無不陶醉在差異化的勝利中。

在五穀道場的強烈攻勢下，二〇〇六年速食麵行業銷售下挫六十億元。面對大好形勢，五穀道場不斷擴大銷售隊伍，增加產能，加大廣告投入，並且同時在大陸三十多個城市設立辦事機構，半年內員工數量曾一度擴展到兩千多人。原本僅有幾十個人的北京本部，居然在很短的時間內建立起一支近千人的銷售團隊。

但這時的五穀道場已經埋下隱患。五穀道場的財務控制過於粗放，嚴重透支了企業資源。「我們是中型企業在做大型企業的事情。」就連掌舵人王中旺也曾承認，「我們已經投資了四點七億元，僅廣告費就支出一點七億元。」真正形成現金流的只有三億元，這使得五穀道場的現金流開始吃緊。二〇〇七年中期，五穀道場在大陸各地超市相繼出現斷貨現象，五穀道場這個品牌逐步退出市場，中旺集團只好吞下失敗的苦水。二〇〇九年二月十二日，北京市房山區人民法院作出裁定，批准北京五穀道場食品技術開發有限公司破產重整方案，中糧集團作為重組投資方入主五穀道場。

所有的公司都是從小公司成長起來的，有的企業發展迅速，有的企業發展緩慢，但無論快慢，能夠發展下去的企業一定遵循客觀的市場規律，而強調速度第一的「冒進」企業一定不會長久。沃爾瑪的前CEO格拉斯面對許多人質疑沃爾瑪的成功時，這樣回答：「許多人都認為沃爾瑪是一夜暴富，但只有我們自己知道，為這一天我們奮鬥了整整二十年。」

綜觀世界，當浮躁的中國大陸企業都在爭做前五百強的時候，那些成熟的國際一流企業想的是「爭活五百年」。對於那些成熟的國際一流企業來說，做「長壽的烏龜」是他們共同的選擇。因為它們深知「走得遠比走得快重要」，所以他們管理企業的理念之一是：不求百強，只求百年。這其中尤為突出的是德國企業。它們規模不大，數量很多，幾代人專注於一個產業，不事張揚，做「隱形冠軍」。

當企業膨脹起來之後，管理者的心態就成為企業未來成敗的關鍵因素了。企業家在面對誘惑的時候，一定要掌控好。韋爾奇曾對「大企業病」有過生動的描述。他說，染上「大企業病」的企業，就像一個穿上了很多層毛衣的人，不但體態臃腫，行為愚鈍，而且感受不到市場的溫度變化。韋爾奇的比喻雖然十分生動。可是，我們經常見到的情況是：即使這樣，許多大企業還是試圖套上更多層的毛衣，為了使自己顯得更大。在局外人看來，這樣的行為幾乎超出了理性的範圍，但似乎已經無法自控。為什麼？因為企業的決策者不知道「止」，只知道「進」。他們的心滿了。

貪心，抵擋不住誘惑，會帶來許多難以解決的問題，但只要是問題，就有解決的可能。可是，如果在經營過程中，心做大了，做滿了，問題的解決就難上加難。所以，比爾·蓋茲說，對於成功的企業和企業家來說，其事業最大的威脅不是來自競爭對手，而是來自於他們自身。

二〇〇三年，TCL正處於高速發展時期，在TCL的發展上，李東生一直都秉承著「大不一定強，但不大一定不強」的理念。當TCL在大陸市場已具備了一定的規模，李東生也就開始策劃TCL的國際化，並發佈了「龍虎計畫」戰略目標：二〇〇五年實現銷售收入七百億元，二〇一〇年達到一千五百億元，形成具有國際競爭力的大型企業集團。

二〇〇二年一〇月，TCL花費八百二十萬歐元收購了德國破產彩電廠施耐德，二〇〇三年初又買下美國彩電銷售商高威達公司。之後，又傳出與彩電巨頭湯姆遜合作的資訊。可以說，對於當時一心想在歐美市場擴張的TCL來說，這是一個千載難逢的機會。湯姆遜確實是一個非常理想的合作夥伴，有品牌，有生產線、有研發能力，這些都與TCL形成了互補。於是由TCL出資占百分之六十七的股份、湯姆遜出資占百分之三十三的股份的合資公司TTE正式成立。其實根據當時的規劃，新成立的合資公司，TTE的年總銷售量將超過一千八百萬台，成為全球最大的彩電供應商。

這或許滿足了李東生製造全球最大彩電生產企業的夢想。但很多人也為李東生捏一把冷汗。因為根據湯姆遜二〇〇三年度業績報告顯示，其彩電和DVD等電子事業共虧損了一點二億歐元，過去兩年的虧損總額已達到了二點六一億歐元，而按照TCL集團「二〇〇三年報」顯示，TCL全年淨利潤只有五點七一億元人民幣，這也就是說李東生如果不能使TTE在較短時間內贏利的話，TCL將會面臨著由國際化前驅變成先烈的風險。不過，李東生對此充滿信心，「我可以很負責任的說，十八個後TTE能贏利。」

結果證明，TCL具有海外市場開拓的能力，但是在跨國管理方面還有很大的欠缺。也就是在併購後發現，自身存在著「供血不足」等各種內部問題，沒有很好的「消化」能力，TCL發現單併購後的整合成本就已經成為一個填不滿的無底洞。二〇〇六年，TCL虧損十九點三二億元，歐洲區就達到十點〇六億元。二〇〇六年年底，TCL多媒體業務宣佈退出歐洲，歐洲團隊被削減三分之一，重組成本高達二點三億到二點四億歐元。之後又傳出消息，TCL的高管團隊中從海外聘請的員工也基本流失殆盡，轉了一個大圈，TCL不得不將戰略重點重新轉向國內，以收復國內市場為第一目標。

毫無疑問，作為中國企業國際化的先鋒，TCL為中國企業國際化的歷史進程做出了不可磨滅的貢獻，也帶給我們很多值得深思的經驗和教訓，恰恰是這些經驗教訓讓我們更加深刻地瞭解了一個簡單卻重要的道理，國際化的前提是具有一個健康的「身體」，有一個消化功能健全的「胃」，並其血脈通暢。如果沒有足夠的實力，企業的國際化之路也是如此，沒有足夠強壯的身體和內部消化能力，國際化無疑是加速死亡之路。

現在，回歸本土的TCL在其不屈不撓，勇於重生的鷹的精神下，已經於〇八年轉虧為盈，向我們證明了李東生「鷹之重生」後，重生的力量。

從無數案例分析來看，很多企業不是餓死的，而是撐死的，都是在志得意滿、豪氣衝天時轟然倒塌。中國大陸三十多年來的改革開放、不成熟和不規範的特殊市場經濟環境，造就了一批天不怕、地不怕的民營企業家。很多人奇蹟般地功成名就，在他們風光的年月，企業資產都是幾十倍、幾百倍的增長，上演了麻雀變成鳳凰的神話。

那些企業家對財富的追逐、對成功的渴望是毫無止境的，在特殊條件下輕易獲得成功，使他們相信自己無所不能，並在無數的誘惑中迷失了方向。

作為企業舵手的企業家，一定要有良好的心態，耐得住寂寞，經得起誘惑，穩紮穩打，進退有度，將企業這條大船穩穩當當的停靠到安全的港灣。

The spirit to achieve great accomplishments

做人要有眼光、胸懷和實力

我選擇小公司做客戶。名聲讓我憂心，我見過太多飛上天空然後摔下的人了。——馬雲

有三件是做人做事必須具備的——眼光、胸懷、實力。一個人的人生，其資本就是以眼光和胸懷為核心的實力。

馬雲說過：一個人想要傲，就要有實力，好比兩人練武，人家一個巴掌打過去，你滾出五米之外，你再傲也沒有用。所以要想「笑傲江湖」，就要做到眼光犀利、胸懷開闊。

馬雲在談到阿里巴巴收購雅虎時說：「國外有些人對阿里巴巴的實力表示懷疑，不相信雅虎會給阿里巴巴十億美元，外加雅虎中國，因為在大家眼中馬雲太能『忽悠』了。」馬雲對此也表現了他的胸懷

廣大，並顯示出了中國人的實力和底氣。

大陸的互聯網每個人都是用懷疑的態度來看問題，老外的震驚是從心裡的，徹底的震驚了一下。在此之前聯想收購IBM，海爾試圖併購美泰克，以及中石油對優尼科的收購，美國的分析認為這些併購背後都有政府，而阿里巴巴與雅虎的交易則是民間的，雅虎的中國分公司賣給了阿里巴巴，而且是在美國人認為他們最具技術和管理優勢的互聯網，因為美國的談判人員從來都沒參與過賣的行為，他們的思維都是怎麼買別人，似乎有點轉不過來。阿里巴巴對雅虎中國的併購，這無疑改變了跨國公司的哲學理論，以前跨國公司的想法，一般百分之八十都是全資於公司，或者合資企業，但是這個合資企業的領導人必須是美國本土派來的，其次是臺灣和香港派來的，而這次乾脆連面子也不要了，品牌也給你，技術也給你了，所以美國互聯網的商業分析認為，這次交易是對西方管理和技術領導力的一次衝擊。

只有當一個人有眼光，有胸懷，有實力的時候，這個人才能在通向成功的道路上無往不勝。

一個人要做到「有眼光」就得堅持「讀萬卷書，行萬里路」。一個人要不斷為自己的知識進行投資，如果你總是把自己局限在一個很小的環境中，你的眼界就高不起來，如果你能夠在更廣闊的世界裡開拓自己的見識，那麼你就能夠真正具備一種宏觀的視野，真正能夠在更高的層次上開創自己的事業。

一個人的眼光是靠雙腳走出來的，而一個人的胸懷是委屈撐大的。胸懷的寬廣，對於一個人的成功來說十分重要，如果一個人有眼光卻沒胸懷是不能成就大事的。如果說一個人僅有唯一可能擁有的長處，那應該是比別人更能夠容納得多一點。世界美妙的是可以看到各式各樣的人，尤其在公司裡面，你帶著欣賞的眼光看別人，你怎麼看怎麼順眼，你要是討厭一個人的時候，你怎麼看怎麼不順眼。

一個人立足於世根本的還是靠實力。所謂實力就是能夠左右自己命運的力量。實力是精神力量與物質力量的結合體，我們在生活中所做的努力無不是為了提高自己的實力。實力的積累是一個漸進的過程，關鍵是要有明確的人生目標和持之以恆的心靈力量。實力是在失敗的基礎之上積累而成的。每一次失敗都為你的實力的成長添加一塊磚瓦。

眼光、胸懷與實力，對於一個人來說不論身處何時何地，都應該以此三者為一種人生追求。這樣你才會在事業與生活中一路向前，達到夢想的彼岸。

The spirit to achieve great accomplishments

第二章 冒險精神

想成就大業，
就應該有充分的果斷和勇氣

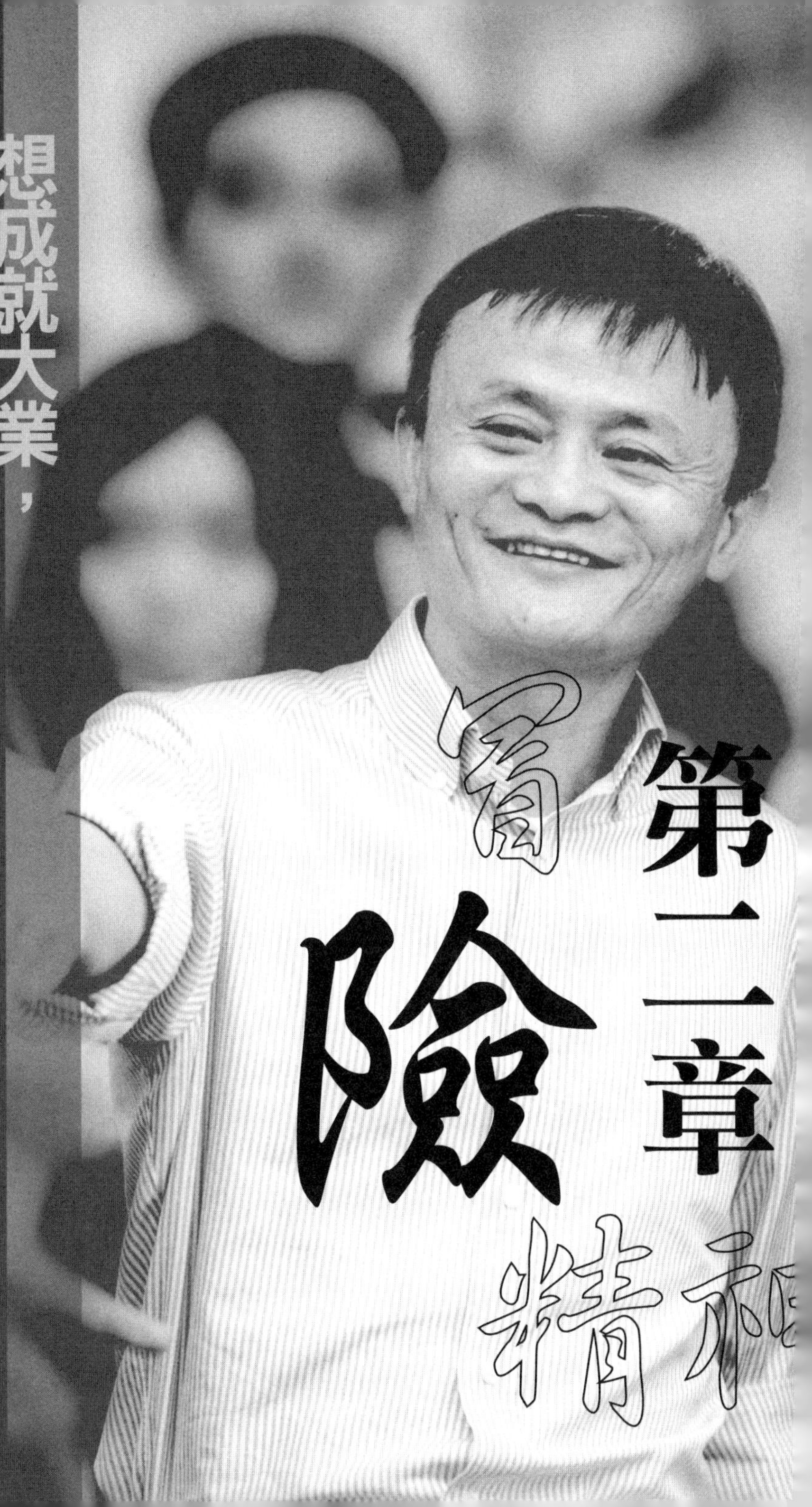

做選擇時要考慮長遠利益

阿里巴巴可以賺錢的道路實在太多，我現在不想賺這點小錢，因為現在資訊應該是免費和共用的。我們講過一個例子，你現在在跑馬拉松，路邊有很多牛奶和汽水，你可以選擇邊喝邊跑，喝飽再跑，還是先喝一口只要能跑下去就跑下去，等你拿到冠軍以後，你的獎金可以買五十噸、一百噸牛奶。你要有自己的加油速度，你要自己知道自己的體力。——馬雲

中國大陸太平洋建設集團董事局主席嚴介和說過這樣的話：「我覺得中國遍地是黃金，想怎麼賺就怎麼賺。不過經商靠的是智慧。」猶太人被譽為最會做生意的人，他們在孩子小的時候就會教育：要用智慧賺錢，當別人說一加一等於二的時候，你應該想到大於三。

世界上所有富翁都是最會用頭腦裡的智慧賺錢的，你就是把他變成窮光蛋，他也很快又是富翁，因為他雖然失去了資金，失去了廠房，但他還有智慧。洛克菲勒曾放言：「如果把我所有財產都搶走，並將我扔到沙漠上，只要有一支駝隊經過，我很快就會富起來。」

我們許多人用體力賺錢，不少人用技術賺錢，很少人用知識賺錢，極少人是用智慧賺錢的。在財富時代，有智慧的人太少太少，有智慧又能抓住商機的人更是鳳毛麟角。只要我們動用腦筋，發揮智慧，就可以掌握機會，成為財富的主人。

經商一定要有預見力，能夠看到未來的商業趨勢、消費需求。如果只看到眼前的一點蠅頭小利，生意便做不大，只能賺點小錢而已。李嘉誠從來都是瞄準未來，不只做今天的生意。因此，有時候他會主動吃虧，為的是拉住大客戶；有時候他會投資別人不看好的生意，為的是準備迎接盈利的那一天。總之，不能只盯著眼前的小利。

一個中國老先生去美國看望兒子時，美國人所謂「不賺錢的經營之道」給他留下極深的印象。

如，一包二十隻裝的雞腿賣三元，一包十隻裝的雞腿也賣三元，就像是不識數字。

再如，二十隻雞翅膀，這個店賣兩元，那個店只賣八角，美國人好像不會算帳。

再有，在美國買東西可以隨便退。有的中國學生寫論文時，買了一台電腦，論文寫完了，電腦也退了。

更有甚者，有人拿折價券買東西，退貨時售貨員沒仔細看，按原價退給他，結果，他反倒賺了錢。

這一切難免會使外人產生疑問：美國人在經營上是不是很傻？

美國確有這些情況。有一個叫「漢堡大王」的連鎖店，以推出九十九美分的漢堡而聞名。這種漢堡裡面夾著牛肉餅、生菜、番茄、酸黃瓜、一大片乳酪和沙拉醬，還外加一包番茄醬，既好吃，又實惠。吃這種漢堡的，有學生、上班族、還有開著「賓士」高級轎車來的，可見很受歡迎。可是我們計算了一下，按美國的物價，賣這種漢堡充其量也剛剛夠成本。美國一般上班族，月薪在兩三千美元，花九十九美分買個漢堡當一餐飯，那真夠便宜的。可這樣經營又怎麼賺錢呢？

對於這些看起來不賺錢的經營方法，仔細想一想，就可以發現其中的門道。美國的競爭很厲害，商家要想在市場上站住腳，除了信譽、品質、態度外，還要有吸引顧客的本事。有些商品價格壓得很低，即使不賺錢，只要能吸引顧客，就可以在別的方面得到補償，如吃九十九美分的漢堡的人，總還要吃點薯條、喝點飲料，那就有錢可賺。即使這次不吃別的，但總會有下次。

在美國，除了吃的東西不能退貨外，其他東西都可以退換，包括大減價的商品。退貨期限有的是一個月，有的是半年甚至一年。退貨不需要理由，當然品質有問題就更不用說了，就是這貨物我不喜歡，也可以退。售貨小姐連看也不看就把錢退給你，還要說「對不起」、

「謝謝」。

一次，老先生的大兒媳想買台全自動照相機，翻閱了很多廣告，比較了性能和價格，到店裡去選了一台，照了一卷，覺得相機反應太慢。換了一台，照出來一看，覺得對焦還不夠準確。再換一台，發現有些零件不原廠產的，拿去跟店主一說，店主也覺得不太合適：「實在抱歉，那就退了吧！」最後還是向廠家郵購了一台，照出來效果很好，這台照相機才算買成。

美國市場上，進貨的管道多，價格自然不會不一樣。大包裝的貨物價錢便宜，卻不見得比小包裝的賺錢少。在市場上，顧客是第一要素，在這裡真正體現了「顧客是上帝」。只要你的商品有人買，你就得從各方面來滿足顧客的要求。貨物不但要品質好，品種貨樣還要多，停車還要方便（美國超級市場旁的停車場都很大，從不收費）。要顧客買東西放心，就必須允許退貨，退貨的損失並不完全由商店來負責，商店會把這些退貨再退到生產廠家或公式化單位。廠家就要根據顧客的退貨情況改進品質，並不斷創新，推出更好的產品。

一天，他們從三藩市開車繞道五百八十公路回洛杉磯時，看到一處光禿禿的山上，排滿了上千台風車，讓人想起風車王國荷蘭。但這裡的風車不是木制的，都是鋼筋鐵骨。漫山遍野的風車隨風飛轉，場面真是壯觀。原來，這些風車都是發電用的。風力發電的好處很多，一是靠自然動力不花錢，二是沒有任何污染，可就是造價太高，據說做這種風力發電的商人，十幾年來雖已聯網發電，但還是一直在賠錢，直到最近才收回了投資，今後就是賺錢的時期了。

老先生終於明白了：美國人在經營方面並不傻，只是他們的眼光長遠一點罷了。他們的「傻」其實是在佈誘餌，他們的不賺錢正是為了來日方長賺大錢。「送」給顧客一點蠅頭小利，為的是建立商家的品牌，為將來賺大錢做鋪墊。

眼睛僅盯在自己小口袋的是小商人，眼光放在世界大市場的是大商人。一個商人能夠把生意做多大，取決於他能夠看多遠。資訊是一種商業資源，如果能加以正確的運用，將會給自己的生意帶來蓬勃生機和蓬勃發展的機會。現代社會是以資訊傳遞為主要運行特徵的，沒有資訊，就無法經營。隨時留意身邊的機會，才能掌握主動權。

經營者必須保持冷靜的頭腦和敏銳的洞察力，才能正確的預測事物的發展趨勢。如果經營者不能冷靜的分析形勢、預測未來，常常因思路不清或因對未來悲觀失望而做出錯誤的決斷，就很容易使企業陷入難以逆轉的困境而不能自拔。

現代商業競爭，首先是商業情報的較量。而商業情報發揮應有的作用，離不開當事人敏銳的商業嗅覺，以及出色的決斷力。對商人來說，現代科技使得資訊的傳達非常迅速，必須很快的掌握最新的事件和新聞，並在此基礎上捕捉商機，才能有更大的勝算。在商業競爭中，日本人正是憑著嗅覺敏銳的長處，以預謀制勝之術而成為商業強國的。一個麻木遲鈍對市場變化不敏感，一個目光短淺對市場缺少預見力的人，是註定要坐失良機的；而只有像李嘉誠這樣能對市場的變化作出敏捷的反應，能對未來的行情作出準確的判斷，才能從容不迫把握住一次又一次稍縱即逝的商機。

對市場作出一個正確而及時的判斷和行為往往會帶來財源滾滾；相反，一個錯誤而魯莽的判斷和行為將導致慘重損失甚至一敗塗地。成功的企業家對市場的變化應敏於見微，及時調整自己的產品結構和行銷策略，時刻跟蹤市場的走勢。

俗話說，訊息靈，百業興。在瞬息萬變的市場上，經營者必須具備極強的應變能力，隨時做出正確的決策，而決策的基礎在於耳聰目明，獲取大量及時、準確的資訊。無論做什麼生意，必先瞭解市面的需求預謀制勝，只有不斷充實自己，才能追上瞬息萬變的社會。那些在商場有所建樹的商人和企業家，都是反應機敏、善於捕捉商機的高手。

靠資訊發財，是做生意必不可少的法寶。沒有資訊，生意人就像雙目失明的盲人，面對四通八達的交叉路口不知如何起步。一則有價值的資訊，一個準確的情報，會使一大筆生意成功。在國外普遍流行這樣一個觀點：掌握住資訊，就掌握了生意的命運；失去了資訊，就失去了生存的基礎。

李嘉誠說：「精明的商人只有嗅覺敏銳，才能將商業情報作用發揮到極致，那種感覺遲鈍、閉門造車的公司老闆常常會無所作為。」多年來，他對香港本身及其周圍的市場環境，特別是對中國大陸的經濟發展趨勢，時刻保持著前瞻性關注，這讓他成為香港富豪中少有的有著世界性眼光的大企業家。

一個錯誤的決定要比沒有決定更好

有的時候一個錯誤的決定比沒有決定更好。——馬雲

在二〇〇〇年的時候，高盛和軟銀的兩千五百萬美金投資到位，馬雲決心放手一搏，阿里巴巴在美國矽谷、韓國、英國倫敦、香港快速拓展業務。但是此時，管理的危機也出現了，他手下的那些世界級的精英都開始向他灌輸他們各自的理論和方法。

阿里巴巴美國矽谷研發中心的同事說技術是最重要的；一家全球前五百強企業的副總裁認為向資本市場發展是最重要的。都是精英的言論，都說得有道理，馬雲開始拿不定主意了。他說，五十個聰明人坐在一起，是世界上最痛苦的事情。此時，才成立一年的阿里巴巴已經變成了跨國公司，員工來自十三個國家。

在納斯達克草木皆兵的時代，面對未來的發展，馬雲無法拿定主意，公司在風雨飄搖之中。阿里巴巴召開了員工大會。馬雲全盤托出了他的網站模式：不做門戶，也不做B2C，而是做面對中小企業的企業對企業。會上的爭論異常激烈。

當時的中國互聯網市場，雖然美國的三大模式都能找到，但絕大多數網站都是門戶網站。那天會議上的大多數人認為做一個像雅虎、新浪那樣的門戶網站是唯一可行的方案。

但馬雲堅定的說：「大部分人看好的東西，你就不要去做了，已經輪不到你了！」二〇〇〇年年底，阿里巴巴破釜沉舟，啟動「回到中國」戰略，隨後進行全球大裁員。

事後馬雲不止一次的說：「在網路經濟時代，有時一個錯誤的決定要比沒有決定更好。在做決定的過程中如果一個決定出來以後有百分之九十的人說好的時候，你就要把這個決定扔到垃圾桶裡去。因為那不是你的。別人都可以做得比你更好，你憑什麼？」

這就是馬雲的思維。金建杭回憶說：「當時爭執非常大。因為中國做互聯網，阿里巴巴是最獨特的，沒有拷貝任何一個模式。但中國其他很多網站都是拷貝美國很成熟的模式。」

不拷貝成熟的模式就意味著創新，而創新的風險比拷貝的風險高出十倍。然而正是憑藉著這樣的冒險精神，馬雲和他的團隊開闢出了屬於自己的成功之路。

人們做任何事都有成功和失敗兩種可能。當失敗的可能性比較大時仍然堅持去做，自然有幾分冒險，但如果你能確定你將要做的事情中潛藏著成功的可能性，並且這種成功對你來說至關重要，而失敗確是可以承受的，那麼就不要猶豫，而是要堅定的採取行動。

作為世界著名的企業，微軟向來青睞具有冒險精神的人。比爾·蓋茲說：「所謂機會，就是去嘗試新的、沒做過的事。」在比爾·蓋茲的觀念中：現實的擁有來自潛在的可能，只有勇於嘗試，才可能把這些潛在的財富挖掘出來。所以微軟寧願冒失敗的危險選用曾經失敗過的人，也不願意錄用一個處處謹慎卻毫無建樹的人。在微軟，大家的共識是，最好是去嘗試機會，即使失敗，也比不嘗試任何機會好得多。

日本的大都不動產公司創始人渡邊正雄也是一位敢於冒險、善於將潛在的可能變成現實的人。

渡邊正雄曾是一個小商人，當他發現不動產行業的前途時，便果斷地中止了自己當時經營的事業，到一家不動產公司尋找工作，以便積累經驗。但是那家公司並不肯聘用他。於是，渡邊提出免薪工作一年。

在這一年中，渡邊充分瞭解了這個行業的內情，當這家公司準備聘用他時，他卻離開了。籌集資金後，渡邊開始涉足房地產。

當時正值戰後，日本經濟迅速復甦，隨著人們收入的增長，城市污染也逐漸加劇。渡邊看准商機，在市郊買下幾百萬平方米山地。當時很多人都不看好，覺得渡邊的決定非常愚蠢。但是隨著渡邊對這片土地的改造和周圍交通設施的提高，越來越多的人開始關注這裡，一些富人紛紛前來訂購別墅和果園。一年之後，這塊山地便賣掉了大半，渡邊賺到五十億日元，他並沒有把這筆錢存起來，而是繼續投入到對這塊地產的開發中，並在餘下的土地上蓋起了更為豪華舒適的別墅。

三年之後，這塊山地變成了一座漂亮的別墅城市，而渡邊所賺的錢也達到了數百億日元之多。

在一次總結自己成功經驗的演講中，渡邊說：「我之所以能成功，就是因為我敢於冒險。我在選擇一個投資產品時，如果別人都說可行，這就不是機會——別人都能看見的機會不是機會。我每次選擇的都是別人說不行的產品，只有別人還沒有發現而你卻發現的機會才是黃金機會，儘管這樣做冒險，但不冒險就沒有贏，只要有百分之五十的希望就值得冒險。」

冒險是成功者的天性，很多創業者在創業的道路上，都有過「驚險一跳」的經歷。這一跳如果失敗了，當然就只好鳳凰涅槃了。但是如果成功了，則是功成名就，從此春風得意馬蹄疾。

周楓帶人做婷美的時候，做了兩年，五百萬的投資花了四百四十萬元，眼看錢就沒有了的時候，也剛好到了準備適時上馬的時候。但是董事會卻為了保一個大廈的產品，讓周楓把婷美的專案停下來，並要求周楓把這個專案賣了。周楓堅決反對，他覺得這樣好的專案不能賣，要賣也得賣個好價錢。合作夥伴說，這樣的專案怎麼能賣到那麼多錢，要不然你自己把這個產品買下來算了。周楓就花五萬元把這個產品買了下來。並且因此放棄了原來的十三個公司、幾千萬元的個人利益，帶著二十三個員工出來了。

之後周楓把自己的房子抵押，跟幾個朋友一共湊了三百萬元。他把其中五萬元存在賬上，告訴員工，就這三百萬元，夠在北京打兩個月廣告。這回做成了我們就成了，不成，你們把那五萬塊錢分了，算是你們的遣散費，我不欠你們的工資。我們就這樣了！這些話把他的員工感動得要哭，當時人人奮勇爭先，個個無比賣力，結果婷美在一九九九年十月開張即創造出市場奇蹟。品牌一飛衝天，十二天炸翻北京市場，二十六天橫掃全國，三百六十五天就坐上了全國女士內衣銷量的頭把交椅，七百三十天淨賺了一億。周楓成了億萬富翁，他的許多員工成了千萬富翁、百萬富翁。

現在很多的大學教授、市場專家分析周楓和婷美成功有諸多原因，其實事情沒有這麼複雜，說白了，不過是一個合適的產品，加上一個天性敢冒險賭的領導，加上一些合適的行銷手段，才有了這樣一樁成功的案例。

創業需要膽量，需要冒險。冒險是有錢人的天性，只要值得就要去冒險。但是，創業不是賭博，冒險不是冒進。創業者一定要分清冒險與冒進的關係，要區分清楚什麼是勇敢，什麼是無知。無知的冒進只會使事情變得更糟，你的行為將變得毫無意義。許三多說，要做有意義的事情。冒險可能會意味著你將付出很多，因此在冒險之前一定要想清楚是否值得你去冒險，不能做無謂的犧牲。但是，如果值得的話就一定要去嘗試，在感受那種泰山之巔的豪邁中擁抱新升的太陽。

敢於冒險，是挑戰成功的第一步，在冒風險的同時又擁有敏銳的商業意識和穩妥的行事作風，成功與財富便唾手可得。

每次成功都可能導致失敗

要永遠記住，每次成功都可能導致你的失敗，每次失敗好好接受教訓，也許就會走向成功。——馬雲

馬雲說：「最大的錯誤就是死不犯錯誤」，但重要的是犯錯之後的態度及應對之道，如何糾正錯誤，在錯誤中反省自己的行為並加以改正，這才是最重要的事。馬雲說做一件事，無論失敗與成功，總要試一試，闖一闖，不行還可以回頭；但是如果不做，總走老路子，就永遠不可能有新的發展。

馬雲無疑是一位成功的企業家。然而，在阿里巴巴的成長史上，馬雲及其管理團隊在決策上也犯過不少錯誤。阿里巴巴在發展過程中並非一帆風順，也曾遇到過一些危機。

二〇〇六年，淘寶網用半年時間研發出「招財進寶」這一產品，並推出競價排名服務。該產品是淘寶網為願意透過付費推廣，從而獲得更多成交的賣家提供的一種增值服務。可是，事情並非馬雲想像的那樣順利，「招財進寶」在推出短短的二十天內，就有六千多名賣家在網上簽名，聲稱要在六月一日集體罷市。所以，這個服務不僅沒有獲得人們的認可，還釀成了一次比較大的風波。

馬雲立即作出反應，發表署名文章，就「招財進寶」存在的問題向各位賣家道歉，同時對「招財進寶」的價格進行調整。

馬雲認為由於淘寶網賣家增長非常快，推出這項服務是希望讓新的賣家獲得平等的競爭機會。但是，有的網友卻認為淘寶此舉恰恰違反了公平原則。

對於網友的罷市行為，馬雲不敢怠慢。五月二十九日，他繼續在淘寶論壇上以風清揚的署名發了一篇文章，對推出「招財進寶」再次作出詳細解釋，並且談到這一舉措的真正出發點。馬雲還強調三年不收費的承諾阿里巴巴不會改變，「招財進寶」並不是為了收費。

遺憾的是，馬雲的解釋並沒有得到大家的認可。馬雲認為，既然淘寶是大家的淘寶，那就發起投票，由大家決定「招財進寶」的生死。

六月十二日，經過十天的網友投票，百分之三十八的用戶支持，百分之六十一的用戶反對，「招財進寶」被取消。這種透過網友投票的方式來決定一項C2C網站新功能去留的做法在互聯網發展史上尚屬首例。

事後，馬雲覺得淘寶確實有很多地方做得不夠好，產品本身還不夠完善，溝通也不對，他表示淘寶人正在夜以繼日地完善這些產品，希望廣大使用者能原諒，給年輕人一次機會。

在我們的生活中，常常會遭遇挫折或失敗。但是，有些人在遭遇失敗時懂得從失敗中吸取教訓，並能勇敢地從失敗中走出來，繼續奮勇前進，他們最終會成為成功者。與此相反，有些人遭遇挫敗後，不能積極地從中總結經驗、吸取教訓，而是一蹶不振，始終生活在失敗的陰影裡，他們便是生活中的那些失敗者。

孫慶翔是個「股迷」，但一直沒有賺到大錢，甚至連點小利也沒撈到。由大戶室做到中戶室，由中戶室做到散戶大廳，最後走出散戶大廳告別了股市「江湖」。

究其孫慶翔失敗的原因，就是因為他不善於總結經驗和吸取教訓。根據他後來說，他買的任何一種股票，其實都可以賺錢，可以賺大錢，但他只買了一檔股票，沒過多久就上漲了，於是捨不得拋出，想著既然漲著我要賣，說不定還能再漲個十塊八塊的。

然而，當事實如他所願後，他仍舊捨不得拋出，盼著再漲個十塊八塊的。不料，這次天不隨人願，股市一落千丈，他只得降價拋售，最終血本無歸。

孫慶翔是個「執著」的人，又購進一批股票。可是，他又犯了以前的老毛病，當股市行情出現良好的態勢時，又不肯拋售，盼著股價再漲一些。然而事與願違，股價不漲反跌，最終他又以賠本收場。孫慶翔經常吃這樣的虧，最終只好退出了股市。

其實，我們很容易就能看出孫慶翔炒股失敗的原因，就是不善於從失敗中總結經驗，吸取教訓，常被同一塊「石頭」絆倒兩次、三次，甚至更多次。

美國商界流傳著這樣一句話：一個人如果從未破產過，那他只是個小人物；如果破產過一次，他很可能是個失敗者；如果破產過三次，那他就完全有可能無往而不勝。

失敗的經歷是一個人非常寶貴的財富，因為它為你積累了豐富的經驗。失敗，只是表示你在支付學費，你在學習不敗之法。或者說，失敗在鄭重地提醒你改換一下行為方式或準確地告訴你「此路不通，另尋他徑」，透過新的選擇，開闢新的成功之路。

「我在這兒已經工作了三十年，」一位員工抱怨他沒有升遷，「我比你提拔的許多人多了二十年的經驗。」

「不對，」老闆說，「你只有一年的經驗，你沒有從自己的錯誤中學到任何教訓，你仍在犯你第一年剛剛開始工作時的錯誤。」

即使是一些小小的錯誤，你都應從中學到些什麼。

「我們浪費了太多的時間，」一位年輕的助手對愛迪生說已經試了兩萬次了，仍然沒找到可以做白熾燈絲的物質！」

「不！」這位天才回答，「我們已知有兩萬種不能當白熾燈絲」這種精神使愛迪生終於找到了鎢絲，發明了電燈。

有位哲學家說過：「失敗，是步入更高的開始。」成功的人會從失敗中學到教訓，失敗者是一再失敗，卻不能從其中獲得任何經驗和教訓。

檢驗一個人，最好是在他失敗的時候：看失敗能否喚起他更多的勇氣；看失敗能否使他更加努力；看失敗能否使他發現新力量，挖掘潛力；失敗了以後，看他是更加堅強，還是就此心灰意冷。

石油大王洛克菲勒曾經說：「你要成功，就要忍受一次次的失敗。」失敗就像一條河，不怕河中的滔天巨浪，不怕在河中淹死，才可能游到成功的彼岸。人們讚美游到彼岸的成功英雄，卻容易忘記在失敗的大河中泅渡的必要。

許多傑出的人物，許多名垂青史的成功者，並不是得益於旗開得勝的順暢、馬到成功的得意，反而是失敗造就了他們。正如孟子所說：「天將降大任於斯人也，必先苦其心志，勞其筋骨，餓其體膚，空乏其身，行拂亂其所為，所以動心忍性，曾益其所不能。」孟子說的這番話，重點就是：一個人要有所成，有所大成，就必須忍受失敗的折磨，在失敗中鍛煉自己，豐富自己，完善自己，使自己更強大，更穩健。

英國的索冉指出：「失敗不該成為頹喪、失志的原因，應該成為新鮮的刺激。」唯一避免犯錯的方法是什麼事都不做，有些錯誤確實會造成嚴重的影響，所謂「一失足成千古恨，再回頭已是百年身」。然而，「失敗乃成功之母」，沒有失敗，沒有挫折，就無法成就偉大的事業。

然而，關鍵的是，在每一次的失敗和挫折中都能夠得知原因，從中吸取教訓積累經驗，重整旗鼓揚起風帆，投入繼續下來的奮鬥中。

The spirit to achieve great accomplishments

光腳的不怕穿鞋的

面對網路廝殺就一句話，光腳的永遠不怕穿鞋的。——馬雲

馬雲談到自己在互聯網中闖蕩的經歷時總結一句話：「面對網路廝殺一句話，光腳的永遠不怕穿鞋的。」強者就是要「戰」，寧可戰死沙場也決不被敵人嚇倒。

在商場的競爭中馬雲身上展現出了一股「狠」勁和「匪」勁，逢敵敢於亮劍，出招從來不按常理，在自己的實力還比較弱小時就敢於向eBay這樣強大的對手挑戰。馬雲沒有選擇逃避和退讓，而是果斷組織團隊建立淘寶，主動出擊攻打eBay，在競爭過程中，又身先士卒，採用神鬼莫測的攻勢，使淘寶網這個「C2C新兵」戰勝了行業「巨人」eBay。

擁有的東西越多，顧慮越大。什麼都沒有了，就什麼都豁得出去了。

三個旅行者早上出門時，一個旅行者帶了一把傘，另一個旅行者拿了一根拐杖，第三個旅行者什麼也沒有拿。晚上歸來，拿傘的旅行者淋得渾身濕透，拿拐杖的旅行者跌得滿身是傷，而第三個旅行者卻安然無恙。三個人見面後對彼此的結局感到詫異，便聚在一起交流經驗。

拿傘的旅行者說：「當大雨來到的時候，我因為有了傘，就大膽地在雨中走，卻不知怎麼淋濕了。當我走在泥濘坎坷的路上時，我因為沒有拐杖，所以走得非常小心，專揀平穩的地方走，所以沒有摔傷。」拿拐杖的說：「當大雨來臨的時候，我因為沒有帶雨傘，便揀能躲雨的地方走，所以沒有淋濕。當我走在泥濘坎坷的路上時，我便用拐杖拄著走，卻不知為什麼常常跌跤。」第三個旅行者聽後笑著說：「這就是為什麼你們拿傘的淋濕了，拿拐杖的跌傷了，而我卻安然無恙的原因。當大雨來時我躲著走，當路不好時我細心的走，所以我沒有淋濕也沒有跌傷。你們的失誤就在於你們有了憑藉的優勢，便認為少了憂患。」

許多時候，我們不是跌倒在自己的缺陷上，而是在自以為有優勢沒問題的地方出了差錯。因為缺陷帶給我們提醒，而優勢則讓人忘乎所以。在困境之中，有很多人都會千方百計的找救命稻草，然而心理上的依賴情結越是嚴重，做起事來就越會馬虎，更重要的是雖然困難最終解決了，自己卻從中沒有學會任何去面對困難解決困難的經驗。在依賴中錯失了一次有助於成長的好機會。擁有的東西越多，顧慮越大。相反的，什麼都沒有了，就什麼都能豁得出去了。

在楚漢之爭的時候，項羽是貴族，出生高貴，這一身份比起流氓出身的劉邦來說是很具有優勢的，因為大多數人都傾向於投奔一個貴族而不是一個流氓。但是正因為太高貴，所以才會形成偏見，沒有重用遭受過胯下之辱的軍事天才韓信，後來韓信投奔了劉邦，最終在垓下之圍中成為他的剋星，項羽只好烏江自刎。

因為出生高貴，所以養尊處優，不知人間疾苦。即便是真心實意的關心他人，也會給人裝模作樣的感覺，因為關心不到點子上。比如項羽就想不到，將士們出生入死浴血奮戰，圖的是什麼？還不是封妻蔭子耀祖光宗！可是他該封的不封，該賞的不賞，只知道流鱷魚眼淚送些湯湯水水，這算什麼呢？

相比起項羽，他的對手劉邦基本上是一窮二白，一無所有。並且在當時，蕭何和曹參都是縣政府一級的官員，劉邦只是一村長（亭長），是他們的下級。照理說不應該是劉邦當頭的。但是蕭何和曹參都是知識份子，拖家帶口的，都有一些產業，挑頭的可是滅族的大罪，搞不好是要被殺頭的。於是他們都推薦劉邦做老大。光鞋的不怕穿鞋的，劉邦知道做老大可能會沒有好果子吃，可是他好像也沒吃過什麼好果子，於是天不怕地不怕的甩開袖子帶著大家闊步向前衝。

因為劉邦一無所有，所以一旦有了，也不會太心疼，出手大方也是自然的。因為劉邦他自己也是被人看不起的底層，所以特別能容忍人，也最懂得世態炎涼和人間疾苦，知道人們追求什麼懼怕什麼，要收買人心，總是能夠到位，也不愁沒人擁戴沒人輔佐。

一無所有，在有的時候也是一種優勢。正因為一無所有，才會有那股天不怕地不怕的草莽氣息，有不顧一切的內在驅動力，這是改變命運最關鍵的一環。所以，不要總是為自己的一無所有、不曾擁有而灰心歎息。上天是公平的，它剝奪了我們的一切，也會為我們準備好意想不到的禮物。

愛國者總裁馮軍被稱為是最具草根氣質的創業者。馮軍清華大學剛畢業的時候一窮二白，從兩百元錢起家，就在中關村租了兩平方米的桌子開始做生意，最初的公司除了他自己外只有一個員工——搬運工。馮軍每天搬完了箱子就扛著主機殼、鍵盤一個個櫃檯挨著送貨，由於他推銷的時候總是喜歡說：「我只賺你五塊錢。」所以他也因此成了中關村人盡皆知的「馮五塊」。他賣鍵盤的過程，就是折磨鍵盤的過程：摔它、用水澆、用酒精擦上面的字。他經常邊摔邊告訴被推銷者：「長途運輸多可怕，鐵路摔得很凶，別的鍵盤一摔鍵帽就起來了，可是我們的鍵盤不會。」看起來似乎跟其他小販並沒有任何區別，因為土生土長的中關村公司很少有做大的。

但是，馮軍的華旗公司自一九九三年成立以來卻創造了連續十年每年增速超過百分之六十的行業奇蹟，並在一九九六年推出了愛國者品牌。華旗公司的愛國者MP3、主機殼等產品做到了當之無愧的大陸第一。

馮軍在華旗數位相機上市的致辭中，從「七七事變」講到「抗日戰爭」，一直講到日韓企業如何在全球崛起。當講到「三星」時，他滿不在乎的說：「我父親可沒有留給我像三星這麼大的產業。沒辦法，華旗起點低，我們年輕，而三星和索尼卻在吃老本。」

對比起那些天生養尊處優貴族來說，草根的奮鬥過程更加跌宕起伏、振奮人心、生生不息。因為大多數人都是草根，還因為他們不是動物園裡漂亮的老虎，而是曠野裡奔嘯的狼。

我們不能選擇自己的出身，但是我們可以改變自己的命運。出身草莽，我們一無所有，但是我們擁有那種天不怕地不怕的草莽氣息，不顧一切的奮鬥精神。沒有勢，英雄造時勢，這是改變命運最關鍵的一環。

寧可戰死，不被嚇死

勇而敢者死，勇而不敢者勝，我們勇而不敢。——馬雲

創業本身就是在進行冒險，創業的失敗率是很高的，在美國，每年有幾十萬人開公司，每年也有幾十萬家公司倒閉。常常有人說，創業的成功率小於癌症的治癒率，是不無道理的。在市場經濟大潮中，機會與風險共存。立志創業，必須敢闖敢做，有膽有識，才能變理想為現實。

走近富豪，我們發現，冒險精神幾乎已經成了每個財富故事裡必不可少的英雄的寶劍，也許是有意識狂賭未來，期待更大的收益（因為收穫總是與風險成正比），也許只是命運的車輪迫使這些財富英雄不得不挑戰極限。幾乎可以這樣認為，冒險精神已經融入了這些富豪

們的血液。他們就像叢林中的豹子，一有機會，就會竄出去，一拼到底。

上海市委書記俞正聲出席上海「兩會」座談時，拋出了「上海為何不出馬雲」話題。

上海市政協常委、上海市發展改革研究院研究員鄭韶撰文指出，問題之一是上海人缺乏大膽創新精神和陽剛壯烈情懷，同時，上海作為中國經濟增長極的原始動力和競爭力被弱化。俞正聲在座談會上提到阿里巴巴創始人馬雲「給我一個很大的刺激」，「為什麼像馬雲這樣的人，在我們這兒沒有成長」？

《上海證券報》刊登鄭韶的文章指出，作為一方水土養育的人群，上海人有其人文「基因」上「奉令唯謹」、不願冒險的歷史弱項。文章指出，這種消極狀態的正面效應是為上海育成了中國一流的近代化管理人才和管理文化，代價是窒息了以破舊立新、敢為人先、冒險開拓、拼搏進取為要求的創新文化。

馬雲確實有著異於常人的冒險精神，逢敵敢於亮劍，出招從來不按常理。面對eBay這樣強大的競爭對手，他主動亮劍，建立淘寶，向其發起挑戰，而不是選擇逃避和退讓。在競爭過程中，又身先士卒，採用神鬼莫測的攻勢，使淘寶網這個剛「牙牙學語」的「嬰兒」不可思議地戰勝了行業「巨人」eBay。

市場就是一種競爭經濟，競爭就是非勝即敗。「逆水行舟，不進則退」，從這個意義上說，風險是不可避免的。不敢冒險，其實也是一種消極冒險。

在市場經濟中不可能完全克服經濟因素中的自發因素，生產經營中的風險就是客觀存在的。因此，冒險精神仍然應該是我們的一種時代精神。

想冒險，就不要害怕失敗。愈是稱得上冒險的行為，失敗的可能性就愈大。其實，敢於冒險，就是敢冒失敗的危險。事物發展的客觀規律一再證明，成功和失敗像一對孿生兄弟，如果只許成功降臨不許失敗誕生，也就等於扼殺了成功。一個外國企業家說：「畏懼錯誤，就是毀滅進步。」

當然，這裡說的冒險並不是像賭徒那樣，完全把寶押在「運氣」上。冒險不是靠碰運氣，而是靠理智。倘若一點可能性也沒有，就冒失輕率的做起來，這就不是冒險，而是盲動，有時簡直近於自殺。冒險立在科學分析、理智思考和周密準備的基礎之上。古人云：「六十算以上為多算，六十算以下為少算。」因此，有百分之六十以上的把握，就應當當機立斷，敢於大膽的去行動。

二〇〇二年《中國大陸百富榜》上名列第四十二位的黃巧靈認為，他成功的每一步都與一個特質有關，那就是冒險精神。黃巧靈不止一次告誡年輕人：做可能而沒有人做過的事情，成功的可能最大。

對於自己的冒險經歷，黃巧靈最津津樂道的就是他在宋城這個產品上「舌戰群儒」的故事。宋城產品的創意很別具一格，黃巧靈想要做的事情是在杭州把描繪宋朝文明的繪畫巨著《清明上河圖》複製出來，做成一個主題公園，做成一門生意。他認為，如果他的這個產品在杭州成功，這個中國著名的旅遊城市的巨大的旅遊資源將會給他帶來滾滾的利潤。不過，黃巧靈雖然對宋城這個產品很有信心，但他還是承認，這一把他賭得很大。

在宋城的建設過程中，見慣了杭州大量文物真跡的專家們曾提出很多異議。有人認為這個產品本地人不會感興趣，而外地人只認西湖，也不會感興趣；也有人說這只能是一個大雜燴，不倫不類，太過俗氣；還有人說主題公園的生命週期都很短，通常只有兩三年，宋城的投資風險很大，幾年之後就可能死掉。

的確，杭州以西湖為中心的旅遊格局由來已久，要一下子改變人們積習上千年的思維定勢絕非易事。而當時正是「主題公園」在中國出現信任危機的時候。二十世紀八〇年代末，新加坡「西遊記主題公園」的成功運營，在大陸一度產生示範效應，大陸各種人造景觀遍地開花，九〇年代初達到頂峰。因為粗製濫造，重複建設，缺乏主題、創意和個性，這些起點低，追求短期效益的人造景觀（其實不能叫主題公園），很快揮霍了人們的熱情，迅速走向衰敗。第一輪主題公園的失敗可以用屍骨遍野來形容，三千多億元資金被深套其中，慘不忍睹。

但黃巧靈認為，說人造景觀是「假古董」，顯然有失公允。故宮、六和塔都是人造景觀，但由於它們有深厚的文化內涵，依然能叫人百看不厭；雷峰塔已倒掉七十餘年，但它依然聳立在人們心中，現在重建完成，立刻就是一個熱門景點。在仔細分析之後，黃巧靈發現，之所以大家覺得杭州不需要主題公園，是因為杭州的自然造化和祖宗遺存太過豐盛，建大規模主題公園成了冷門。而從杭州景區形態來看，西湖週邊的高品位人文景觀，無論從空間佈局還是產品形態上，都可以起到積極的補充作用。如果誰能打開這扇「冷門」，說不定「死胡同」就是一個阿里巴巴山洞。

另外黃巧靈認為一九九四年前的杭州是西湖一統天下。當時，杭州以觀光為主的傳統旅遊方式已漸露疲態。幾年間，杭州從中國旅遊的前三位下降到第五位，以前杭州遊客的人均滯留時間為二點六天，到了一九九四年，一九九五年降為一點二天，甚至更少。

西湖之於杭州的聯繫太密切了，兩者之間幾乎可以畫上等號，這既是杭州之幸，也是杭州之悲。因為杭州旅遊被限制在山水風光的傳統觀光旅遊圈子裡，跳不出來。此時，新的旅遊休閒產品形態已經是呼之欲出了。

黃巧靈決定冒險了。結果，宋城一炮而紅，當年接待遊客達一百多萬人，旅遊收入達四千多萬元。這個數字跌破無數眼鏡。黃巧靈自認這是他最成功的一次冒險，但卻不是最後一次，他覺得成功與冒險是緊緊的聯繫在一起的。黃巧靈總是滿腔勇氣，滿腔熱情地去吃第一隻螃蟹。

成功的創業者都是冒險者。萬科公司的董事長王石以及搜狐公司董事局主席、CEO張朝陽，以登山隊員的身份屢屢出現在媒體上，從出征到凱旋，公眾的焦點屢屢集中在他們身上。很多人認為這是擴大企業品牌知名度和提升企業形象的宣傳和炒作。但是，實際上之所以他們選擇登山，並不是出自宣傳公司之需要，完全是因為自身的冒險天性使然。

敢想敢做是成功的第一要素

經營翻譯社的過程讓我明白成功者至少需要兼備兩種特質，一是大膽執著的性格，二是對市場的敏銳嗅覺。——馬雲

從來沒有一個人是在安全中成就偉業的。動盪越大，風險越大，成功的第一要義便是敢想敢做，「十個想法不如一個行動」

當年馬雲從美國回來後就想要在互聯網領域做出一番事業，他請了二十四個朋友與之討論，結果二十三人反對，僅有一人保留了意見。但是馬雲說「就算所有的人都反對我也要做」。

一九九五年四月，馬雲和朋友湊了兩萬塊錢創立了「中國黃頁」，成為大陸最早的互聯網公司之一。一九九五年五月九日，中國黃頁上線。當時大陸還沒有互聯網，很多人不相信馬雲的網站，但他

不放棄努力，他對那些懷疑的人說：「你可以給法國的朋友打電話，給德國的朋友打電話，或者給美國的朋友打電話，電話費我出，如果他說沒有，那就算了；如果他說有，你要付我們一點點錢。」三個月後，臨近杭州的上海正式開通互聯網，馬雲的業務量激增。在各企業紛紛忙著建立自己主頁的時候，馬雲的先見之明為他帶來了豐厚的利潤。

行動就是力量，唯有行動才可以改變我們的命運。恐懼有時候就像是一道虛掩著的門，實際上你沒有必要害怕，那扇門是虛掩著的。很多人都會對「不可能」產生一種恐懼，絕不敢越雷池一步。因為太難，所以畏難；因為畏難，所以根本不敢嘗試，不但自己不敢去嘗試，認為別人也做不到。事實上並非如此。

一九六五年，一位韓國學生到劍橋大學主修心理學。他經常刻意的到學校的咖啡廳或茶座聽一些成功人士聊天。這些成功人士包括諾貝爾獎獲得者、學術權威人士和一些創造了經濟神話的人，這些人幽默風趣，舉重若輕，把自己的成功都看得非常自然和順理成章。時間長了，他慢慢發現自己被自己國家的那些成功人士給欺騙了。那些人為了讓正在追求成功的人知難而退，普遍把失敗給誇大，把成功的艱辛給誇大了，他們故意用自己的成功的經歷嚇唬那些還沒有成功的人。而這種現象雖然在東方甚至在世界各地都是普遍存在的。而這種現象在此前並沒有人大膽的提出來並加以研究。

於是，經過五年的研究分析，他把《成功並不像你想像的那麼難》作為畢業論文，這篇論文交到了現代經濟心理學的創始人威爾・佈雷登教授手裡之後，讓這位教授大為驚喜，教授把這篇論文發給他的劍橋校友，當時正坐在韓國政壇第一把交椅上的人——樸正熙。並在信中說，「我不敢說這部著作對你有多大的幫助，但我敢肯定它比你的任何一個政令都能產生震動。」

在還沒有創業之前，潛意識中的種種「恐懼」使得眾多的人成了生活的犧牲品，世界上沒有一件可以完全確定或保證的事。成功的人與失敗的人，他們的區別並不在於能力或意見的好壞，而是在於是否相信判斷、具有適當冒險與採取行動的勇氣。

瑪律登說過：「徹底研究狀況，在心裡想像你可能採取的各種行動方向，與每一種可能產生的後果。選擇一種最可行的方向，然後放手去做。如果我們一直要等到完全確定之後才開始行動，一定成不了大事。每種行動都可能會中途受阻，每個決定也都可能夭折，但是我們千萬不可因此而放棄了所要追尋的目標。必須要有每天冒險遭遇錯誤、失敗，甚至屈辱的勇氣。走錯一步永遠勝於『原地不動』。你向前走就可以矯正你的方向；若你拋了錨、『站著不動』，自動導引系統是不會牽著你走的。」

動盪越大，風險越大，機遇給予的成功指數也就愈大，有的人由於怕承擔風險，而任憑機遇與自己擦肩而過；有的人則以超人的膽略捕捉了它，從而獲得了巨大的成功。

二〇〇七年比爾．蓋茲在哈佛大學畢業典禮上的演講中說道：

「我當初創業，就是堅定的認准目標，並矢志不渝、鍥而不捨。不要讓這個世界的複雜性阻礙你前進，要勇敢的成為一個行動主義者。」

平時我們總會或多或少有這樣的感覺：似乎每個創業者都會有一大堆苦水。但是當有人問到泡泡網二十六歲的年輕總裁李想有關在創業過程中遇到哪些困難，公司發展遇到什麼瓶頸等問題的時候，李想都是毫不含糊的回答：「沒有。」他說，「我沒有遇到什麼困難，或者，我始終認為困難是應該的，所以就積極的去面對困難，自然也就不是困難了。」

在二〇〇三年的時候，泡泡網經歷了人事動盪，當時有一半員工離職，有人說李想完了，泡泡網完了。對此李想認為，我覺得沒有什麼難和不難的，當時我要做的就是趕快調和，另外就是招新人快速進行培養，我們只用了一周的時間就把這個階段度過了。

回頭看這個階段是由於自己管理經驗不足，把自己的觀點強加到別人身上造成的。但是如果說危機之類的東西我倒不這麼認為。困難克服了也就忘了。現在我們公司的員工離職率非常低，高層沒有一個離開的。這位身價上億的年輕總裁就這樣把困難給略讀過去了。

很多東西，你越是覺得它難，它越是像三座大山那樣把你活活壓垮。相反你不把它看在眼裡，也許早已輕舟已過萬重山了。

有一個好想法要馬上抓住

很多年輕人是晚上想千條路，早上起來走原路。創業的關鍵不是因為你有出色的想法、理想、夢想，而是你是不是願意為此付出一切代價，全力以赴的去做它，證明它是對的。——馬雲

在這個速度決定一切的時代氛圍當中，遲遲不作決策是成功的致命傷。有一個好想法，就要抓住它，勇敢去闖。

馬雲一直都在做決定——顛覆自己的決定——再做決定——再顛覆。他有許多稀奇古怪的想法，而且他有了想法之後，就會立即付諸實踐。

一九九五年四月，馬雲開始創立中國黃頁。當時大家都不知道互聯網是什麼，沒人信他。馬雲只能每天出門推銷網路黃頁，說服別人

心甘情願的付錢把企業的資料放到網站上。當時的中國黃頁是中國第一個商業網站。這個中國黃頁模式完全出自於馬雲自己的靈感和他對網路商業應用的感悟。在此之前，世界上沒有這個模式，也沒有人想到用這個模式賺錢。就是這樣一個不成熟的模式和產品，居然讓馬雲賺到了錢。搶佔先機無疑是成功的重要祕訣。

阿里巴巴模式是馬雲的又一次創新，而且是他一生中最重要的創新。阿里巴巴的企業對企業有兩個顯著特點：一是為中小企業服務；二是不做電子商務全過程，只做資訊流。這些都是已有的電子商務網站沒有留心的地盤。馬雲一直相信，別人看不清的模式也許最好。別人看不清，所以沒有多少人敢去下手，這個時候果斷進入，就能輕鬆的擴大自己。

二〇〇三年七月，淘寶網剛剛成立不到一個月的時候，馬雲表示：要是等到支付問題都解決了，我們還有什麼機會，我們永遠不會等到機會成熟了才去做一件事情。這話說完僅僅三個月，二〇〇三年十月，專門為淘寶定做的支付工具——支付寶——就誕生了。早在淘寶網出現之前，網路購物的致命問題——如何實現網路安全支付，就已經出現了，但是沒人想到要去解決這個問題。馬雲敢於「試水」，迅速的推出了支付寶。

馬雲就是個善於把握機會的人，他以快制慢。在馬雲看來人一旦看准了方向，找准了出路，就要毫不猶豫的付諸行動。機會難得，一步慢，步步慢。

丹麥著名哲學家愷郭爾說過：「冒險就要擔憂發愁，但是，不冒險就會失落自己。」

美國一位五十八歲的農產品推銷員以不同品種的玉米做實驗，設法製造出一種清脆、酥鬆的爆米花。他終於培育出了理想的品種，可是沒有人肯買，因為成本太高。

「我知道只要人們一嘗到這種爆米花，就一定會買。」他對合夥人說。

「如果你這麼有把握，為什麼不自己去銷售？」合夥人回答道。萬一他失敗了，他可能要損失很多錢。在他這個年齡，他真想冒這樣的險嗎？他請了一家行銷公司為他的爆米花設計名字和形象。不久，奧維爾．瑞登巴克就在美國各地銷售他的「美食家爆米花」了。今天，它是全世界最暢銷的爆米花，這完全是瑞登巴克甘願冒險的成果，他拿了自己所有的一切去做賭注，換取他想要的東西。

穩紮穩打，步步為營固然不錯，但是求穩也不能失進取，事實證明，在做事過程中，特別是在做開拓創新的過程中，冒一些險是值得的。當今社會是一個充滿機遇和挑戰的社會，更是風險與機遇並存的社會。一個人想在激烈競爭的社會求得生存就必須要有冒險的精神，只有敢於探索、敢於嘗試的人，才更容易取得事業上的成功。

馬雲說：「見到讓自己心動的機會，一定要毫不猶豫的抓住。」

馬雲二〇〇一年在廈門會員見面會上演講時說道：

一個偶然的機會，我到了美國。我在美國做協調的過程中，有些人一直和我講「網際網路」。當時根本不知道網際網路是什麼東西，那是在一九九五年三月份。在後來的幾次交流中仍然有人跟我講網際網路，最後我飛到西雅圖。我到西雅圖，一個朋友跟我說：馬雲，這是網際網路，你試試看，不管你想搜什麼東西，基本上都可以搜出來。說實話，一九九五年我連電腦都不敢敲，我怕敲壞了，很貴的東西，是要賠的。他說你試試看，沒關係。那時候Yahoo很小，搜尋引擎網站很少很少，我敲了一個單字「beer」，一下子出現了五家啤酒公司，有美國的、日本的、德國的，就是沒有大陸的。我很好奇的敲了個「China beer」，它說沒有，我又敲了一個「China」，還是沒有，顯示「no data」。我又敲了一個「China history」，在Yahoo頁面上出現了一個五十個字的簡單介紹，我覺得這很有意思，怎麼會沒有中國的東西。我就問這個朋友，這個東西怎麼用？他告訴我做一個home page，就可以放到網路上，再放到搜尋引擎裡去，就會有人看了。朋友說：你可以試試看，你能不能做個網站。我說我有個公司，已經開始試著做翻譯社，把翻譯社的簡歷做成一個網頁放在網際網路上試試看。我們早上九點開始做，做好後，放到互聯網上。在中午十二點十五分得到了五個回饋，我跑過去一看，有日本的、美國的、德國的，最後一封是來自一個海外的留學生，他說，這是在互聯網上建立的第一個真正的中國的公司。我覺得這個東西很神奇，才三個多小時有五六個回饋，那是不得了的事情，我說我回去以後反正要離開學校了，我要開始做互聯網。今天很多人說馬雲眼光很獨到，真是非常的聰明，眼光看得這麼遠。說當年就看出來了，那是假話。當年反正要從學校出來了，如果有人讓我開飯店，我也就去了。這個絕對不是特別偉大的想法，只是偶然碰上。

兵貴神速，速度在作戰中常常起著決定性的作用。當我們有一個好想法的時候就要抓住它，勇敢去闖。因為機遇不等人，市場也不等人，遲一步就可能會滿盤皆輸。海爾也是一個強調迅速出擊的典型。

在二〇〇二年七月舉行的一次互動培訓課程中，面對七十多位中高層經理，張瑞敏提出互動培訓的主題是「推進流程再造」，並最先出了一個很像「腦筋急轉彎」的問題：「你們說，如何讓石頭在水上飄起來？」

「把石頭掏空！」有人喊，張瑞敏搖頭。

「把石頭放在木板上！」

張瑞敏說：「沒有木板！」

「做一塊假石頭！」大家哄堂大笑。

張瑞敏說：「石頭是真的。」

此時，海爾集團副總裁喻子達頓悟：「是速度！」

張瑞敏斬釘截鐵的說：「正確！」

他接著說：「《孫子兵法》上有這樣一句話：『激水之疾，至於漂石者，勢也。』速度能使沉甸甸的石頭飄起來。同樣，在資訊化時代，速度決定著企業的成敗。海爾流程再造就要以更快的回應市場速度來滿足全球使用者的需求。」

很多企業在做新產品開發的時候，速度總是很慢，原因在於研發人員有一種完美主義、過度謹慎的傾向，他們總是希望能夠做得盡善盡美、不出任何紕漏。結果耽誤了產品開發的速度。成功的產品開發，應當是速度最一，完美第二。

微軟的軟體每次推出的時候，總是毛病多多，但絲毫不影響它的市場領導地位。而惠普公司，擁有人才濟濟的隊伍，技術卓越，品質出眾，但業績卻為什麼不好呢?就是因為惠普的產品，是要在各方面都要達到九十五分以上才推出，結果惠普的行動總比市場慢好幾拍。惠普曾經的CEO卡莉上臺後，做的第一件事就是要求惠普「先開槍，再瞄準」。很多人認為她瘋了，但是她沒有瘋。因為她明白：在變化多端的市場競爭中就像滑水一樣，想要站穩腳跟，就要有足夠的速度!卡莉改變了惠普的思維方式，為惠普在市場份額的角逐中扳回了重要的一局。

當然過分的追求速度很可能會帶來問題。我們不能將速度放慢，但是我們修正速度帶來的問題。發展中的問題透過發展來解決！這句話告訴了我們如何修正速度帶來的問題。微軟公司在推出新產品後，接著就開始改進這個產品，然後適時地為市場提供服務，就這樣微軟一直佔領著市場。

美國杜邦公司創始人亨利．杜邦說過：「危險是什麼?危險就是讓弱者逃跑的噩夢，危險也是讓勇者前進的號角。對於軍人來說，冒險是一種最大的美德。」沒有冒險者，就沒有成功者。冒險是一切成功的前提。冒險越大，成功越大。在任何一個位置上，在任何一項工作中，我們所面臨的機遇總是稍縱即逝的。當我們有了好的想法時一定要立即行動，將美妙的想法變成實際的成果。

不能等到環境好了再去做

不能等環境好了再去做，那時機會已經不是你的了。——馬雲

馬雲做了太多外界認為不可能的事情。但他一件一件的做了下來，而且做一個活一個。在人們都認為大陸的環境還不成熟的時候，馬雲說：「不能等到環境好了再去做，因為好了以後就輪不到你了。」

二〇〇一年、二〇〇二年，在互聯網最痛苦的時候，馬雲在公司裡講得最多的詞就是活著。如果互聯網公司都死了，他只要還活著，就還有機會。而等到互聯網春暖花開，各公司紛紛排隊赴海外上市，馬雲拿著八千兩百萬美元風險投資卻說：沒必要過早上市，把自己暴露在對手的眼皮底下。

二〇〇三年初，馬雲準備進軍個人網站上電子商務業務領域，淘寶網專案從一開始就處於高度保密的狀態。內部所有願意參與該產品的員工，先要簽一份保密協議，承諾在六個月內不能向其他任何人透露自己參與的專案，這些人包括朋友、家人、同事甚至上級。

二〇〇三年五月十日，淘寶網正式運營。直到二〇〇三年七月七日，馬雲才在杭州正式宣佈投資一億，要把淘寶網打造成大陸最大的個人網站交易平臺。專案的保密工作做得如此之好，以至於絕大多數員工直到宣佈後才知道淘寶幕後的故事，而那時淘寶網已經誕生快兩個月了。

二〇〇五年，馬雲：「幾年前，大家認為阿里巴巴的模式不對，二〇〇四年才有人說阿里巴巴的模式比較好。而我本人也不知道阿里巴巴是什麼模式，但是只要客戶賺錢，阿里巴巴就一定能賺錢。」

機遇轉瞬即逝，等你覺得環境好了再去做事情，等萬事俱備的時候，機遇也許早已經從你眼前流逝了。對於一個創業者來說，迅速抓住機遇是一種必備的冒險能力。

一九七三年，美國有個叫科萊特的青年考入美國哈佛大學，經常和他坐在一起聽課的是一個十八歲的男孩。大學二年級的時候，這個男孩建議科萊特和他一起退學，去開發三十二Bit財務軟體，因為新編教科書中，已解決了進位制路徑轉換的問題。這個建議讓科萊特感到非常驚訝。他是一個非常嚴肅的人，他認為自己是來這裡求學的，不是來胡鬧的。更何況，連Bit系統默爾斯博士都才教了一點皮毛，要開發三十二Bit財務軟體，不學完大學的全部課程是不可能的。他委婉的拒絕了那個男孩的邀請。

十年之後，科萊特成了哈佛大學電腦系的博士研究生，那個退學的男孩進入美國《福布斯》雜誌億萬富豪排行榜。一九九二年，科萊特繼續攻讀，拿到博士學位。那個退學男孩成為美國第二富豪。一九九五年，科萊特認為自己已具備了足夠的學識，可以研究和開發三十二Bit財務軟體了；而那個男孩已經開發出比Bit快一千五百倍的

Eip財務軟體，並在這一年成為世界首富，他就是比爾·蓋茲。

科萊特用知識不夠、條件還不具備這個理由拖延了成功，而比爾·蓋茲因為夢想所採取的大膽行動卻使他掘到了第一桶金，並多年穩居世界首富的寶座。實際上，有很多人都跟科萊特一樣，他們認為只有在具備了精深的專業知識才有資本去創業。然而，世界創新史表明：先有精深的專業知識才從事發明創造的人並不多，不少成就一番事業的人，都是在知識不多時，就直接對準了目標，然後在創造過程中，根據需要補充知識。比爾·蓋茲哈佛沒畢業就去創業了，假如等到他學完所有知識再去創辦微軟，他還會成為世界首富嗎？

夢想不能等，因為人生不同的階段，會有不同的歷練和想法。如果等到所有的條件都成熟才去行動，那麼你也許得永遠等下去。在追求成功的過程中，行動要大於空想，即使周圍的環境和自身的條件還不是非常完備，也要勇於去嘗試。在《富爸爸·窮爸爸》中有這麼一個故事：

兒子從美國商業海洋學院畢業了。他受過良好教育的窮爸爸十分高興，因為加州標準石油公司錄用他到運油船隊工作。他是一位三副，比起同班同學，他的薪資不算很高，但作為他離開大學之後的第一份真正的工作，也還算不錯。他的起始薪資是一年四萬二千美元，包括加班費。而且他一年只需工作七個月，其餘的五個月是假期。如果他願意的話，可不休那五個月的假期而隨一家附屬船舶運輸公司到越南去工作，這樣能使年收入翻一番。

儘管前面有一個很好的職業生涯等著他，但他還是在六個月後辭職離開了這家公司，加入海軍陸戰隊去學習飛行。對此，他的窮爸爸非常吃驚，不理解兒子為什麼要辭去這樣一份工作：收入高，福利待遇好，閒暇時間長，還有升遷的機會。一天晚上他問兒子：「你為什麼要放棄呢？」兒子無法向他解釋清楚，他們的邏輯不一樣。

與窮爸爸相反，富爸爸則祝賀他做出的決定。當時，富爸爸鼓勵他去做恰好相反的事情。「對許多知識，你只需要知道一點就足夠了。」這是富爸爸的建議。

一九七三年從越南回國後，他離開了軍隊，儘管他仍然熱愛飛行，但他在軍隊中學習的目標已經達到。他在施樂公司找了一份工作，加盟施樂公司是有目的的，不過不是為了物質利益。他是一個腼腆的人，對他而言行銷是世界上最令人害怕的課程，而施樂公司擁有美國最好的行銷培訓產品。

富爸爸為他感到十分自豪，而窮爸爸則為他感到羞愧。作為知識份子，窮爸爸認為推銷員低人一等。他在施樂公司工作了四年，直到他不再為吃閉門羹而發怵。當他穩居銷售業績榜前五名時，他再次辭去工作，放棄了又一份不錯的職業和一家優秀的公司。

一九七七年，他組建了自己的第一家公司。富爸爸教過他怎樣管理公司，現在他得學著應用這些知識了。他的第一種產品錢包，在遠東生產，然後裝船運到紐約的倉庫裡，倉庫離他上大學的地方很近。他的正式教育已經完成，現在是他單飛的時候了。如果他失敗了，他將會破產，富爸爸認為破產最好是在三十歲以前，富爸爸的看法是「這樣你還有時間東山再起」。就在他三十歲生日前夜，他的貨物第一次被裝船駛往紐約。

直到今天，他仍然在做國際貿易，就像富爸爸鼓勵他去做的那樣，他一直在尋找新興國家的商機。現在他的投資公司在南美洲、亞洲和歐洲等地都設立了分支機構。

如果是依照窮爸爸的建議，他可能現在還待在標準石油公司繼續為別人打工。

那些敢於去嘗試的人一定是聰明人。他們不會輸，因為他們即使不成功，也能從中學到教訓。所以，只有那些不敢嘗試的人，才是絕對的失敗者。新東方董事長俞敏洪說，「每一條河流都有自己不同的生命曲線，但是每一條河流都有自己的夢想，那就是在轉彎處奔向大海！我們的生命有的時候是泥沙，也可能慢慢的像泥沙一樣沉澱下去，一旦你沉澱下去了，也許你不用在為了前進而努力了，但是你卻永遠見不到陽光了！不管我現在的生命是怎麼樣的，一定要有水的精神！」喜歡安於現狀的人，一份平庸的工作可能就會讓他們不再願意動彈，結果就像井底的青蛙，再也不可能跳出那個井口，去擁有廣闊的天空。而那些天生就不安分的人，往往就是跳得更高更遠的人。

The spirit to achieve great accomplishments

第二章 創新精神

想像力比知識更重要

一個產品只有獨特才能吸引人

一個產品，一個想法如果不夠獨特的話，便很難吸引別人。

——馬雲

在《贏在中國》第二賽季晉級賽第四場中，參賽選手張維勇的產品是感應潔具的生產與銷售，同時為客戶提供專業的節水解決方案。

在點評他的時候，馬雲說：「你要走的路還很長，也許你要有心理準備，你可能是屢戰屢敗。我聽你講得有點像縣委書記講形勢報告，聽起來全對，但不知道怎麼做。你的問題聽起來不獨特，你非常捍衛自己的內容，講得都是對的。我講的話也許是錯的，但我一定是自己真實的想法，我不擔心是錯的，我今天的想法就是這個。所以一個產品、一個想法如果不夠獨特的話，便很難吸引別人，你這個產品競爭會很大，而且我感覺，你講的東西從專案到計畫，照你剛才講話的所有邏輯，我找不出錯誤的東西，我就覺得一定是錯誤的，這是我的想法，回去想想。」

在馬雲看來，做生意，「做小了，就一定要做到獨特」。亦步亦趨，永遠跟在別人的後面是做生意最忌諱的。

關於經商，古人曾經總結過這麼一句話，可謂十分經典：人無我有，人有我優，人優我特。日本企業界曾提出這樣一句口號：做別人不做的事。意思就是說做生意一定要標新立異，永遠不做大多數。

所謂標新立異，不做大多數，就是要憑著你自己對社會的理解和看法去解讀世界、塑造生命。這是一種成功的捷徑，也許會在你猝不及防的時候給你一個驚喜，幫助你成就不一樣的人生，活出獨特的自己。

標新立異，永遠不做大多數，是創業者們成功的前提。因為，在看似特立獨行的行為軌跡中，我們生命的潛力會得到最大限度的開掘，而只有這樣，我們才能擁有更多獲得成功的機會。先來看一個創業實例：

提及黃貴銀，許多人可能感到陌生，可是一旦提及滿婷、新膚蟎靈霜等獨特的系列除痘產品，大家也許就不陌生了。滿婷、新膚蟎靈霜等獨特的系列除痘產品之所以能在紛繁複雜的護膚產品市場中立下腳跟，無不得力於黃貴銀的獨到眼光。

黃貴銀在最初做代理時，與普通經銷商沒有什麼不同，只能靠賒銷代理他人產品來維持生計，而且他代理的只是一些比較低端的機械類產品。

他生意的轉機出現在一九九五年。

一九九五年，黃貴銀在山東的一個老鄉代理了山東濟南東風製藥廠的新膚蟎靈霜。這個老鄉經過考察，覺得這個產品療效不錯，便做了一段時間，後發現市場反應平平，因此便停手。

然而，黃貴銀敏銳的覺得這種產品值得做。於是，他把這個產品帶到吉林去試了試。沒想到經過一段時間後，反應非常好，市場一下子就打開了，訂單源源不斷的送到公司。

摸索到了有效的市場推廣方式之後，黃貴銀先後在遼寧等地進行產品推廣。一九九六年，黃貴銀的九鑫實業公司正式成立，並拿下了新膚螨靈霜的全國代理權，進軍北京市場。不久，他在北京也取得了成功。

隨著生意越做越大，黃貴銀也意識到了一些問題。新膚螨靈霜的智慧財產權歸濟南東風製藥廠所有，九鑫公司只享有全國總經銷權。這意味著九鑫所做的市場培育、品牌孵化可能是替廠家做嫁衣，自己辛辛苦苦培育起來的除螨市場，結果有可能被別人撿了便宜。

雖然如此，但黃貴銀還有更深一層次的考慮，未來的路該怎麼走？是走醫藥的路，還是日化的路，抑或二者結合的路？經過周密詳細的市場調查研究，他終於又找到了一個比較獨特的產品——藥物香皂。

果然，滿婷皂於二〇〇二年七月正式上市後，當月的市場銷售額就高達三千萬元，並且在大陸各大城市出現脫銷現象。到現在，滿婷系列已經逐步健全，滿婷皂、滿婷霜、滿婷沐浴乳，各款產品都受到了消費者的好評，也給黃貴銀帶來了源源不斷的財富。

在許多人的眼裡，成功者往往是上帝的寵兒，被賦予了許許多多的成功機遇。然而，殊不知，成功者並非如人想像的是天賜良福，他們的成功大多源自於他們身上總會在不經意間所透露出來的某種另類和禪機。面對事業，他們總是在以一種獨闢蹊徑的方式，演繹著獨一無二的傳奇。就像溫州人陳君那樣，如何去想方設法滿足人們的需求，你就能出奇制勝，獲得意想不到的收穫。

二十六歲的溫州青年陳君畢業後一直在父親的服裝廠裡工作，血氣方盛的他一直想著能創辦一家屬於自己的公司，但苦於一直沒有找到合適的機遇。

一天晚上，閒來無事的他把電視機打開，很快便被一部韓國電視劇給深深吸引住了。劇中的男主角因故和初戀女友分手，直到三十多年後，兩人才在一個偶然的場合相逢，其情景十分感人。

看完電視劇後，躺在床上的陳君久久不能入睡。滿腦子都是電視裡的情景：初戀，是甜蜜的、美好的、難以忘懷的。如果能跟昔日的情人——數十年前跟你在機場灑淚揮別的情人；流著眼淚依依不捨的離開的情人；為了戰火分離而不知身在何處的情人；跟你擁抱而後惜別的情人；曾跟你相互追逐、嬉笑捉弄的情人；時常浮現腦海深處的情人一旦重逢，那是多麼令人感動、令人興奮的事啊！

歲月匆匆，紅顏易老，但是人們仍然會抱著希望與昔日的戀人再一次相遇的願望，以便拾回青春時代的那些美麗的影子，這樣也就等於找回了自己的當年，找回了自己的青春……

想著想著，陳君的大腦中突然閃過一個這樣的念頭——如果自己開一家專門替人尋找初戀情人的公司會不會大受歡迎呢？想到這裡，陳君激動的得立刻從床上爬了起來。

陳君是一個敢想敢做的人。第二天他就著手去註冊了一家專門為人尋找初戀情人的公司。公司名叫「FL服務公司」，由FIND和LOVE中的「FL」組成，表示「搜查和愛情」的意思。一個月後他的公司正式開張了。

果然不出陳君的預料，公司開張後，生意果然出奇的好。當他把「替您尋找初戀情人」的廣告刊登在報紙和電臺上，頭一天就接了一百多單生意，以後平均一天有七十單。按每一單收費五百元來算，一天的營業額就高達三千五百元。

後來隨著公司的逐漸成熟，陳君還開展了一些專門替人找失散親人、老同學、老戰友之類的公司。用陳君的話來說，就是透過幫助別人獲得感情慰藉或彌補感情創傷以賺取相應的報酬。

從陳君的經歷中可以看到，想要在市場中賺大錢，你就必須超常規經營，才能出奇制勝。新市場的開發，依賴於極其寶貴的預見。觀察並捕捉潛在的商機，見人之未見，為人之未為，便能賺別人所不能賺之錢，坐擁天下財。

當今的時代是個充滿競爭與挑戰的時代，幾乎所有的創業者們都感覺到創業的艱難。但凡事都有兩面，對有些人來說，卻是生意越難做，就越有錢賺，因為他們總能棋高一著，靠自己獨具匠心的產品和服務吸引顧客的目光。

「仁者樂山，智者樂水」，登高山如履平地，沒有大智慧、大勇氣是做不到的。而登山訓練出來的大智慧、大勇氣使登山者突破了心理障礙，站在了生命的頂峰。「山登絕頂我為峰」，這就是他們的個人品牌主張。

有句老話叫做：「夫唯大雅，卓爾不群。」其實就是在告誡我們，無論是做人還是做事，都不應該做大多數。

創新首先是一種態度

淘寶收費需要有一點創新的辦法，我認為所有模仿的東西都不會超出自己的期望，GOOGLE能達到超乎人們期望的高度就是因為他們的創新，而全球最大門戶網站雅虎也是自己創新出來的。

——馬雲

二十世紀最傑出的經濟學家之一熊．彼得先生認為，企業家領導公司發展成功的原動力就是創新。

在業界馬雲被人評價為「不走尋常路」之人，有人曾說：大陸互聯網這十年裡迅猛發展且又變化莫測，有不少能夠經得起大風暴又獨具判斷能力的成功人士，其中的代表就是馬雲。馬雲有著料事如神的獨到眼光和創新能力。他總是能夠運用他準確、銳利的洞察力，總能比同時期、同行業的人棋高一著。

馬雲二〇〇五年在北京大學演講時說道：「要創新必須要扛得住壓力，擋得住誘惑，耐得住寂寞。我們從最早被人說是騙子，到後來被說成瘋子，到今天被稱為狂人。不管別人怎麼說，我們相信我們公司和我自己，不會在乎別人怎麼看待我們，但我們在乎自己怎麼看待這個世界，如何按照我們的既定夢想一步一步往前走，這是做企業或者做任何事一定要走的路。所以之前有人說，因為阿里巴巴的企業對企業沒有被世界認可，所以我們推出了C2C；又因為我們的C2C也沒有被認可，所以我們併購了雅虎的引擎。其實這些都是外界的猜測而已，對於阿里巴巴來說，我們認為中國的電子商務在未來幾年一定會出現突破性的發展，也許三年，也許五年，電子商務在大陸一定會超越美國電子商務的模式，這是我個人的判斷。」

石油大王洛克菲勒說過：「如果你想成功，你應闢出新路，而不要沿著過去成功的老路走……即使你們把我身上的衣服剝得精光，一個錢也不剩，然後把我扔在撒哈拉沙漠的中心地帶，但只要有兩個條件——給我一點時間，並且讓一支商隊從我身邊經過，那要不了多久，我就會成為一個新的億萬富翁。」

創新首先是一種態度，而不僅僅是建立一個強大的研發中心，或者擁有龐大的研發人員那麼簡單，重要的是要把創新延伸到整個公司。

阿里巴巴企業文化中強調創新，馬雲強調「唯一不變的是變化」：「關於擁抱變化，阿里巴巴的詳細闡述是、突破自我，迎接變化。對於本行業的特點有深刻的認識，堅信變化是我們的日常生活。對於公司的變化，認真思考，充分理解，積極接受並影響和帶動同事。對於變化對個人產生的影響，理性對待，充分溝通，誠意配合。在工作中善於自我調整，具備前瞻意識，建立新方法、新思路。面對變化後產生的挫折和失敗，能夠重新調整，以更積極的心態投入到改進中。互聯網最大的特徵是變化。阿里巴巴就處在不斷的變化之中。」

馬雲說：「除了我們的夢想之外，唯一不變的是變化！這是個高速變化的世界，我們的產業在變，我們的環境在變，我們自己在變，我們的對手也在變……我們周圍的一切全在變化之中！」

在建立阿里巴巴的時候，不少電子商務公司是面向大企業的。但馬雲預測，網路的普及可能就是大公司模式的終結。當其他人還沒有意識到互聯網這個動向的時候，馬雲就已經敏銳地捕捉到了這一變化。因此，不同於當時任何電子商務模式的、專為中小企業服務的「阿里巴巴」誕生了。

二〇〇六年馬雲在公司大會上說：「我們認為去年、今年和明年是電子商務的一個積累期，到了二〇〇八年、二〇〇九年必然有一個爆發。因此我們必須搶在這個變化前先變，而不是等到出了問題再去想法解決。這是阿里巴巴保持變革能力的關鍵。互聯網世界總是充滿風險的，誰能擁抱變化並且具有大膽追求的勇氣，誰就能在這個領域裡生存下去。」

環境的變化是個人無法控制的，因為我們必須懂得用主動和樂觀的心態去擁抱變化！雖然變化往往是痛苦的，但機會卻往往在適應變化的痛苦中獲得！馬雲說：「我們阿里巴巴在過去的七年裡和我本人近十年的創業經驗告訴我，懂得去瞭解變化，適應變化的人很容易成功，而真正的高手還在於製造變化，在變化來臨之前變化自己！」

人類心理活動的普遍現象是：長期習慣於按「一定之規」考慮問題，懶惰於進行創新思考。而創新是人類社會進步的客觀要求，這需要付出極大的努力，擺脫和突破一種思維定勢的束縛。

人的一生中，充滿了著無數的未知，如果只憑一套生存哲學，便欲輕鬆跨越人生所有的關卡是不可能的，想要輕易越過人生中的障礙，實現某種程度的突破，向未來更美好的領域邁進，就需要學會用打破常規的智慧與勇氣來變通。作為跨越生命障礙、走向成熟的重要一步，變通是一門生存智慧，更是一門學問。變通的最大敵人就是

「定式思維」即：常規思維的慣性，又可稱之為「思維定式」這是一種人人皆有的思維狀態。

當它在支配常態生活時，還似乎有某種「習慣成自然」的便利，所以不能說它的作用完全不好。但是，當面對創新的事物時，如仍受其約束，就會形成對創造力的障礙。

這個充滿競爭的世界對於只知道墨守成規的人來說，到處都是難以跨越的鴻溝，處處都有無法突破的阻力。如果做什麼事情只會做「規定動作」，而不能突破自我、超越別人，就難以在激烈的角逐中奪魁。而對於善於變通思考的人來說處處都充滿了機會，只有善於思考、巧於變通的人才是有創造能力的人，才能在這個社會中有良好的立足之地。

現實生活中，一些習慣、規則的存在，使遵守規則變成為一種生活習慣，這種生活習慣在發明創新上會變成一種思想阻礙，一道心理枷鎖，阻礙著人們突破常規思維，開創人生的新天地。

因循守舊、不知變通是無論如何都行不通的。善於變通的人，他們勇於向一切規則挑戰，敢於突破常規，他們做事懂得變通，靈活而不違原則，能符合時代的變遷和社會發展的要求，因此他們也往往可以贏得他人所無法得到的勝利。

The spirit to achieve great accomplishments

必須要個性化

我覺得一定要個性化，我不僅僅希望把雅虎的品牌在國際上樹立起來。我覺得還是要加入中國的東西，就像我在國外吃西餐的話，過兩天還是要加入中餐的東西，我覺得雅虎不管跟美國一致也好，跟歐洲一致也好，只要跟中國一致，就是好的。——馬雲

盲目從眾已無法社會中立足。競爭的年代，不僅是才能的競爭，更是個性的競爭。一個人如不清楚自己的獨特之處，不瞭解自己潛在的優勢，就很難憑真本事去參與競爭，就很難在擇優的環境中顯出實力。

馬雲認為：中國古人提到過十二字的生意箴言「人無我有，人有我優，人優我特」，我認為做生意就一定要做到獨特。靠什麼吸引顧

客，靠在經營上以獨特的個性和少見的手法，靠在經營商品的新奇與稀有。

在二〇〇六年第五屆「西湖論劍」的現場對話中，馬雲認為，「在大陸做互聯網，主要要做出自己的特色。像丁磊的網站是遊戲，馬化騰做QQ做成這個樣子，不可思議，國外很多人都不看好QQ，但是QQ是現在最大的IM產品（網路即時通訊），我覺得未來三到五年的時間，大陸的用戶肯定是全世界最大的互聯網群體。

「為什麼你們有一億用戶收入還這麼低?因為現在大陸網友基本上多是十幾歲或二十幾歲，剛剛大學畢業。今後他們有錢了，願意花錢，五年後的大陸互聯網機會會更加多一點。我覺得今天阿里巴巴從我的角度來講，要跟著門戶網站，跟著新浪、搜狐做新聞，機會不大。

「讓我跟著QQ做IM估計機會也不大，你要我做遊戲也不行。我怎麼進去都搞不清楚，我覺得這些東西都很難。但是在電子商務領域裡面我不僅可以與中資競爭，而且我特別希望跟eBay等世界一流的企業競爭，我們有更多的機會就是因為這個市場。

「但是我覺得一定要個性化，我不僅僅希望把雅虎的品牌在國際上樹立起來。我覺得還要加入中國的東西，就像我在國外吃西餐的話，過兩天還是要加入中餐的東西，我覺得雅虎不管跟美國一致也好，跟歐洲一致也好，只要跟中國一致，就是好的。」

在二〇〇八年在博鰲亞洲論壇上的演講中，馬雲也講到：「人類已經從工業時代走向資訊時代，工業時代靠規模、靠資本、靠技術，而資訊時代就必須靠靈活、靠快速反應、靠創新。創新的源泉就是與眾不同，你必須與眾不同，堅持走獨特的路線，堅持自己的價值體系，堅持做事的原則，不要模仿工業時代的方法。」

創新一定要有自己的個性，這樣的創新才能有自己生存的優良土壤。

二戰結束後，美日的航線主要由美國航空公司控制，對於日航來說，要想發展自己的業務，非常艱難。為了改變生意清淡的狀況，日航高薪聘請美國飛行員，購置一流的飛機，嚴保飛行安全和設施的先進，但由於競爭對手也都採取了同樣的措施，所以日航在競爭中仍處於劣勢。

如何改變這種現狀呢？日航決定從改善服務為突破口：世界各大航空公司的服務都大同小異，如精美的食物、和顏悅色的空姐、彬彬有禮的服務……但如果日航能夠在飛機上展現日本的傳統文化，不就能吸引好奇的西方乘客了嗎？於是，日航經過精心設計，讓空姐身穿各種款式的和服，在飛機上向顧客展示日本的茶道；在送餐時以日本女性特有的溫柔指導顧客怎樣用筷子；為顧客服務時以日式鞠躬表示禮貌……這種種充滿了濃郁日本風情的服務方式，果然引起了西方遊客對日本文化的濃厚興趣，一些原本沒有打算到日本旅遊的西方人，也紛紛乘坐日航的班機前往日本觀前。日航透過改善服務，不與競爭對手拼硬體而贏得了市場。

日航和其他航空公司相比，既沒有硬體上的優勢，也沒有資金上的長處，如果他們和競爭對手做同樣的改變，他們也照樣無法超越對手。他們選擇了對手所沒有的東西——日本文化為突破口，從而改變了自己在競爭中的弱勢局面。日航這種主動開拓市場空白、不與競爭者競爭的企業經營思維也叫藍海思維。商業競爭中有紅海和藍海兩種海洋。紅海是在現有市場空間的「血腥」廝殺，紅海思維這種流血競爭的結果往往是市場愈來愈窄，公司的獲利越來越小，成長越來越慢甚至萎縮。而藍海思維探索的是尚未開發的市場和消費者內心潛在的需求，其市場空間在不斷的成長，公司的利潤也越來越大。

根據研究表明，在企業創始階段，往往有百分之八十六的精力用在「紅海戰略」上，僅有百分之十四用在「藍海戰略」上——探索未開發的市場或科技；到了企業利潤顯著成長的階段，則有百分之六十二精力用在紅海，百分之三十八用在藍海；最後在企業明顯獲利的階段，往往把更多的精力投注在未開發領域的探索，此時花費在紅海的精力僅有百分之三十九，而用在藍海的則高達百分之六十一。由此可見，企業要取得更大的成功，必須由血流成河的紅海競爭轉向碧海藍天的藍海競爭。

不幸的是，邯鄲學步往往是許多公司最喜歡採用的競爭方法。這就是正面跟進的理念，急躁、粗心而又缺乏謹慎的思考。比如凱馬特，它曾是現代超市型零售企業的鼻祖。從一九九〇年開始，為了與前景看好的沃爾瑪進行較量的戰略，它斥資三十億美元，花了三年的時間對原有的八百家商店進行了翻新，又設立了一百五十三家新的折扣商店。當時，沃爾瑪正從鄉村地區向凱馬特所在的市區擴張。作為回應，凱馬特的CEO也效仿沃爾瑪，用降低數千種商品的價格來提高自己的競爭力，進而發起了針對沃爾瑪的直接進攻。為了彌補其他商品的降價損失，凱馬特開始增加能夠給企業帶來較高利潤的服裝的銷售。五年之後，這個付出巨大代價的降價戰略被證明是不成功的。凱馬特的新店在執行該戰略的最初三年裡，每平方英尺的銷售額由一百六十七美元下降到了一百四十一美元。凱馬特所採購的服裝要麼積壓在倉庫，要麼清倉大拍賣。同時，為了競爭，沃爾瑪也將價格降到了同樣水準。

這種直接的以硬碰硬、邯鄲學步的競爭傾向是一種極具誘惑力的思路，而且一直誤導著人們。這個推理過程是這樣的：如果我們的競爭對手可以透過某種改變來取得成功，那麼我們也可以做到。我們只需要效仿競爭對手一些很好的舉措，就可以成為市場的領導者。也就是說，如果我們的競爭對手能夠生產出一種很好的器材，那麼我們也可以。但是，事實上，競爭對手的改變不一定都是對的，而且它們的改變是根據自身條件所做出的，所以這種急躁的競爭模仿戰略會誤導許多公司的經營者，總是針對強大的競爭對手的優勢來進攻。而只有對市場反應最靈敏、衝在最前面的企業才能夠佔據最佳位置，從而最先獲得市場機會，賺得超額利潤。

不能創造實用價值的創新沒有意義

做生意最重要的是你明白客戶需要什麼，實實在在創造價值，堅持下去。——馬雲

創新是手段但不是目的，創新的成果只有應用於實踐並產生實際的價值，創新才是有價值的，否則創新只是浮於表面的天馬行空的想像、只能是對資源與時間的浪費。李開復表示：「創新固然重要，但有用的創新更重要。」

實現創新創造實用價值，首先就必須做到從實際出發去創新。在這一點上馬雲做到了實處：

馬雲在二〇〇五大陸經濟年度人物評選創新論壇的演講中談到：「阿里巴巴要幫助中小企業成功。這個思想從哪兒來呢？我記得應邀

到新加坡參加亞洲電子商務大會，我發現百分之九十的演講者都是美國的嘉賓，百分之九十的聽眾是西方人，所有的案子、例子用的都是eBay、雅虎這些，我認為亞洲是亞洲、中國是中國、美國是美國，美國人打NBA打籃球打得很好，中國人就應該打乒乓球。回國的路上我覺得大陸一定要有自己的商務模式，是不是eBay我不知道，是不是雅虎我也沒有看清楚，但是如果圍繞中小企業幫助中小企業成功我們是有機會的。」

馬雲從中國實際出發的這種認識，促使他在阿里巴巴最初構思的時候，就確定了阿里巴巴要從大陸國情、從阿里巴巴自身的特點出發，提出了阿里巴巴成立的目的「是透過互聯網幫助大陸企業出口，幫助國外企業進入大陸。考慮到推動大陸經濟高速發展的是中小企業和民營經濟，因此選擇中小企業作為自己的主要服務對象這一創新之路。」

從實際出發思考創新之路的馬雲，同樣堅持著創新要為客戶創造實用價值這一理念。

阿里巴巴推出的阿里旺旺即時的聊天工具，雖然聊天功能沒有QQ的大，卻是針對網路交易而出現的，很多的功能是展現和方便網路交易交流的特點。它符合了會員自身的實際需求，因此推廣進來得到很多會員的認可和接受。

收購雅虎中國後，馬雲談到新雅虎中國的設計時提到：「酷不是本質的東西，酷對我來說很難，我就是這樣子的，我們酷就是做我們自己的東西，我們不希望創造酷的雅虎，創造更為實用的雅虎可能更重要。」同樣在談到支付寶的設計時馬雲說：「阿里巴巴的任何技術創新管理都不是追逐市場，而是追逐客戶。淘寶有六百六十萬用戶，淘寶所有的服務都是專注於這些使用者的。阿里巴巴不在乎技術創新好不好，但技術創新要為客戶服務。支付寶沒有什麼技術創新，但是管用！」

哈佛商學院終身教授邁克爾．波特認為：「單純的、無明確目的的技術變革並不重要。標新立異的企業獲得成功的關鍵，就是找到為買方創造價值的途徑，增強企業獨特性，使企業獲得的溢價大於增加的成本。」

李開復在《做最好的創新》中寫道：

「許多人會認為創新最重要的元素是新穎，但我認為創新的實用價值更應著重考慮。我曾經有過一次新穎但實用價值不高的慘痛創新體驗。當年我在SGI工作的時候，曾經領導開發過一個三維流覽器的產品。僅從這個產品本身，或者從技術角度出發，幾乎每一個人都認為這是一個非常酷的產品。想像一下，在三維的視圖裡訪問互聯網，像玩遊戲一樣，從一個網站連結到另一個網站的操作，就像從一個房間走進另一個房間那樣逼真，在當時，這是一個多麼有創意的產品呀！但很遺憾，這樣的產品並不是根據使用者的需求開發的。事實上，人們訪問網頁的時候，最關心的是資訊的豐富程度和獲取資訊的效率，一個三維的視圖既不能帶給使用者更多的資訊內容．也會嚴重妨礙資訊的高效傳遞，無法使用戶在最短的時間內獲得最有價值的資訊。這樣一個對用戶沒有用的創新，最終只能走向失敗的結局。所以，我認為具有實用價值是創新的目的。我深深相信『需求是創新之母』這句話。」

誠如馬雲所言「解決問題是最重要的」。一個產品最重要的是其實用價值而非其他，不管是純粹的有形商品還是純粹的無形商品或者是兩者的混合，人們之所以選擇它就是為了解決問題。很多創新研究都強調創新的技術內涵而不是客戶真正體驗到的東西，但這種創新往往是毫無意義的。因此我們強調創新，但更強調實用的創新。

健力寶曾經重拳推出的第五季飲料。這個飲料品牌曾被健力寶集團轟轟烈烈的宣傳過，無論是在產品名稱上，還是在包裝上都採取了與常規不同的創新，然而並不成功，消費者並不認可，最終慘遭市場淘汰。這是為什麼呢？一年只有四季，「第五季」這個名稱確實夠新鮮，夠創新，夠差異化。但是，僅僅是名稱創新，品質並沒有與競爭區別開來，儘管它的宣傳很賣力，但消費者不會為這個新名字而買單。娃哈哈曾經推廣過一個叫「維生素水」的飲料。研發者認為：含維生素的水肯定要好於那些不含維生素的水。但是市場回饋的情況是：注重維生素的消費者會選擇果汁類型的飲料，不管商家怎麼說，消費者都認定果汁飲料要比維生素水更具維生素、更好喝。

即使娃哈哈這樣的大品牌，一旦創新定位錯誤，產品同樣推不動。為了創新而創新，註定是要失敗的。企業的創新戰略，一定要立足在消費者需求的基礎上進行，並最大可能獲得顧客的理解和認同。

華龍麵業六丁目速食麵的成功在於運用差異化戰略，牢牢地把持住低價麵市場。低價麵市場是速食麵巨頭康師傅與統一暫時不願意進入的市場，但這個市場需求量非常大，雖然有眾多速食麵企業進行惡性競爭，但各區域市場上始終沒有強勢品牌。華龍麵看到了產品差異化契機：繞開與行業巨頭的競爭，全面進入低價麵市場；打造強勢品牌，採取低價策略，從而擊敗眾多本土品牌，確定霸主地位。針對中原人尤其是河南人愛麵食、市場基礎特別好，但對速食麵性價比非常敏感的需求特點，華龍推出零售價每包只有〇點四元的六丁目，以「驚人的不跪（貴）」成功實施差異化戰略。隨著廣告的大力宣傳，六丁目出奇制勝進入老百姓的心智，受到了老百姓空前的追捧。一舉成為低價麵的領導品牌，年銷量達六、七億。

顧客的需求是市場靈魂。從市場行銷的角度講，每一種需求都可以成為創新的出發點。但是，並不是每一種創新都能獲得市場認可，只有準確掌握目標顧客的關鍵需求，創造出顧客所期望得到的但競爭對手尚未提供的顧客利益，才能獲得巨大成功。所謂顧客關鍵需求，就是對購買決策產生重要影響的利益需求。

學會從宏觀思考問題

在政府機關工作的經歷讓我能從宏觀經濟的角度思考問題，眼光就十分開闊。——馬雲

眼界的高低，會決定思維的方式，而思維方式則深刻影響一個人做事方法。很多人能成功很大程度上就在於他們的眼界高。眼界高才會有長遠的打算，我們只有做好充分的準備，在邁向成功的路上，才能不失方向。提高自己的眼界很重要的一點就是要培養自己的宏觀思維。

馬雲認為宏觀思維不論對於領導者還是一般員工都十分重要，具備了宏觀思維你就能「跳出三界外，不在五行中」從一個更客觀的角度審視自己的決策與行為，這樣眼光能放得更長遠，能看到更長遠的

未來。

一九九七年十月，馬雲結識了外經貿部的王建國。隨後，在王建國的引薦下，外經貿部中國國際電子商務中心（簡稱EDI）邀請馬雲加盟。一九九七年十二月，三十三歲的馬雲決定北上。馬雲帶著八個人來到北京，正式加入EDI，馬雲出任電子商務中心資訊部經理。

在加盟EDI後，馬雲及其團隊主要負責兩塊，一塊是外經貿部官網，另一塊是中國商品交易市場，這是馬雲真心想做的。

馬雲在外經貿部中國國際電子商務中心，運作該中心所屬國富通信技術發展有限公司。從一九九七年年底加入，馬雲帶領他的團隊在不到一年的時間內，開發了外經貿部官方網站、網路中國商品交易市場、網路中國技術出門交易會、中國招商、網路廣交會和中國外經貿等一系列網站。馬雲隨後又與雅虎的楊致遠合作，使國富通成為雅虎在中國的獨家廣告代理商。

國富通和中國商業交易市場網站，當年就實現贏利，純利高達兩百八十七萬元。拿著不菲的工資，馬雲手下的年輕人都很開心。馬雲卻高興不起來，因為這些和他的理想存在差距。一九九八年底，馬雲做出決定，他要重回杭州再次創業。

馬雲非常重視這段在外經貿部工作的經歷，他認為因為這段經歷，自己的層次有了一次飛躍。對此馬雲說道：「在這之前，我只是杭州的小商人。這次為國家工作，我知道了國家未來的發展方向，學會了從宏觀思考問題，我不再是井底之蛙。」

宏觀思維可以分為整體思維、歷史思維、全域思維。

整體思維要求我們把認識的對象當做一個整體來考察，把一個認識對象看成是一個整體，抽象成一個完整的的事物，忽略其內部結構。整體思維不局限於事物的具體特徵，而是將之與其他相關事物進行比較，觀察外部變化對認識對象產生的影響。

歷史思維以發展論為其哲學根據，認為事物是一直沿著某種發展趨勢運行，在這個運行的過程中不斷產生新的變化。因此歷史思維認為從時間歷程來考察，事物處在某一時間點的狀態是微不足道的，另一方面事物在某一時間點上表現出來的特徵都可以透過歷史的回溯找到其產生的原因。

全域思維認為將認識對象的內部關係是一個相互關聯的整體，其中各種因素相互影響，相互作用，最後表現出認識對象的一個宏觀的外部特徵。全域思維認為任何一個局部的變數都是各種因素共同作用的結果。

宏觀思維的三個維度可以歸結為一種系統論、系統思維的方法。系統思維是「看見整體」的一項修煉，它是一種思維框架，能讓我們看到相互關聯的非單一的事情，看見漸漸變化的形態而非瞬間即逝的一幕。這種思維方法可以使我們敏銳的預見到事物整體的微妙變化，從而對這種變化制定出相應的對策。

系統論的基本思想方法告訴我們，當我們面對一個問題時，必須將問題當做一個系統，從整體出發看待問題，分析系統的內部關聯，研究系統、要素、環境三者的相互關係和變動的規律性。問題的內部不僅存在關聯，與外部環境也同樣產生作用。我們必須將其分開進行觀察，然後再將其按照系統的模式來進行分析。

在系統思維中，整體與要素的關係是辯證統一的。整體離不開要素，但要素只有在整體中才稱其為要素。從其性能、地位和作用看，整體起著主導、統帥的作用。因此，我們觀察和處理問題時，必須著眼於事物的整體，把整體的功能和效益作為我們認識和解決問題的出發點和歸宿。

我們想在事業中取得大的成就，想在生活中獲得快樂與幸福，應該培養自己的宏觀的系統的思維，如此就能把眼光放長遠，把胸懷放廣闊，用一種大智慧來應對人生。

很多年前，美國華盛頓傑弗遜紀念堂前的石頭腐蝕得非常厲害，這讓維護人員大傷腦筋，同時也讓遊客們抱怨紛紛。按照一般人的思路，最簡單的做法就是更換石頭，但是這樣做的話需要花費好大一筆資金。這時有管理人員開始不斷思考：石頭為什麼會腐蝕？原因是維護人員過於頻繁地清潔石頭。

為什麼需要這樣頻繁地清潔石頭？是因為那些經常光臨紀念堂的鴿子們留下了太多的糞便。

那為什麼有這麼多的鴿子來這裡？因為這裡有大量的蜘蛛可供它們覓食。

為什麼這裡會有這麼多的蜘蛛？因為蜘蛛是被大量的飛蛾吸引過來的。

那麼，為什麼這裡會有大量的飛蛾？原來，大群飛蛾是黃昏時被紀念堂的燈光吸引過來的。

透過不斷地發問，真正的原因被找到了。之後，管理人員延後開燈的時間。這樣一來，沒有了燈光，飛蛾就不會再來；沒有了飛蛾，就沒有蜘蛛；沒有了蜘蛛，就沒有鴿子；沒有了鴿子，就沒有了糞便；沒有糞便，石頭就不用頻繁地清洗，自然也不會繼續腐蝕下去。

從宏觀的角度來看待問題，而不是局限於一個小側面，這種層層牽引，將問題看透的思維方式甚至可以「翻轉一面是天堂」，將「危機」變成更大的機會。

承義是某食品公司的業務主管。有一次，他剛從一個用戶那裡考察回來之後，經理就開始焦急地詢問考察的情況。承義有些失落的告訴經理客戶之所以不用我們的產品，是因為他們已經答應了從另外一個鄉鎮食品公司進貨。但是承義從來就不是那種只提出問題不解決問題的人，所以接下來他又很耐心地分析道：我們的產品品質好並且價格也很公道，在全省範圍內有很高的知名度。當地客戶多年來一直使用我們的產品，與我們也有著很好的合作基礎。這是那家鄉鎮企業沒法跟我們比的地方。但是，我們失去這個單子的原因就是那家鄉鎮企業離客戶比較近，而且還送貨上門。如果我們在每個鄉鎮找一個代理商，這個問題就可以解決了。

承義這種把問題看透並給出解決方案的辦事風格讓經理十分欣

賞，很快就將他調到了銷售科專門從事產品行銷。隨著公司食品銷量的節節上升，承義也越來越受到重視，不久就成了公司的骨幹力量。

其實，人與人的智力條件相差不大，大家又都在努力工作，可是，結果總會有巨大的差別，有的人春風得意，有的人卻無比失落。造成這種差別的原因很多。但是思考問題的眼界直接決定了我們解決問題的方式。我們要站在整體的、歷史的、全域的思維上來看問題。把問題看透了再做事，這樣才能把事情做好。

The spirit to achieve great accomplishments

大家都覺得是個機會，往往不是機會

在大家都覺得是一個機會的時候，我們不去湊熱鬧。而越在大家都還沒有開始準備，甚至避之不及的時候，往往正潛伏著最大的機會。——馬雲

逆向思維是一種有效的思維方式，它能幫助你拓展思路，開闊眼界，抓住本來沒有意識到的好主意、好方法。逆向思維有助於你開拓自己事業的藍海領域，取得全新的成就。

馬雲創立阿里巴巴以及之後的許多成功的決策都與其逆向思維分不開。

一九九九年二月二十一日，阿里巴巴召開第一次員工大會，會上馬雲說出了自己構想的網站模式：不做門戶，也不做B2C，而是做面

對中小企業的企業對企業。這個「瘋狂」的想法，讓會議的爭論異常激烈。當時的大陸互聯網市場，雖然美國的三大模式（門戶、B2C、C2C）都能找到，但絕大多數網站都是門戶網站。會議上的多數人認為做門戶網站是唯一可行的方案，但馬雲堅決否定了這個提議，他說：「大部分人看好的東西，你就不要去做了，已經輪不到你了！」

馬雲的構想起源於一九九九年二月，他在新加坡參加的亞洲電子商務大會。雖然討論的是亞洲電子商務，但發言的百分之八十五是美國人，說的全是eBay和亞馬遜。馬雲突然想到，歐美的電子商務市場，特別是企業對企業模式是針對大企業的，亞洲電子商務市場主要在中小型企業，馬雲決定創辦一種中國沒有，美國也找不到的模式。

馬雲曾不止一次的說：「在做決定的過程中如果一個決定出來以後有百分之九十的人說好，你就把這個決定扔到垃圾桶裡去。因為那不是你的。別人都可以做得比你更好，你憑什麼？」這就是馬雲的逆向思維方式，看起來瘋狂，卻往往有效。

逆向方法就是大違常理，從反面探究和解決問題的方法。很多時候，對問題只從一個角度去想，很可能進入死胡同，因為事實也許存在完全相反的可能。有時，問題實在很棘手，從正面無法解決，這時，假如探尋逆向可能，反倒會有出乎意料的結果。

學習逆向思維法最有魅力的地方之一，就是對某些事物或東西，從反面進行利用。運用逆向思維是一種創造能力。

人一旦形成了某種認知，就會習慣地順著這種定式思維去思考問題，習慣性地按老辦法想當然地處理問題，不願也不會轉個方向解決問題，這是很多人都有的一種愚頑的「難治之症」。這種人的共同特點是習慣於守舊、迷信盲從，所思所行都是唯上、唯書、唯經驗，不敢越雷池一步。而要使問題真正得以解決，往往要廢除這種認知，將大腦「反轉」過來。

一八二〇年，丹麥哥本哈根大學物理教授奧斯特，透過多次實驗證實存在電流的磁效應。這一發現傳到歐洲大陸後，吸引了許多人參加電磁學的研究。英國物理學家法拉第懷著極大的興趣重複了奧斯特的實驗。果然，只要導線通上電流，導線附近的磁鐵立即會發生偏轉，他深深地被這種奇異現象所吸引。當時，德國古典哲學中的辯證思想已傳入英國，法拉第受其影響，認為電和磁之間必然存在聯繫並且能相互轉化。他想既然電能產生磁場，那麼磁場也能產生電。

為了使這種設想能夠實現，他從一八二一年開始做磁產生電的實驗。幾次實驗都失敗了，但他堅信，從反向思考問題的方法是正確的，並繼續堅持這一思維方式。

十年後，法拉第設計了一種新的實驗，他把一塊條形磁鐵插入一隻纏著導線的空心圓筒裡，結果導線兩端連接的電流計上的指針發生了微弱的轉動，電流產生了！隨後，他又完成了各式各樣的實驗，如兩個線圈相對運動，磁作用力的變化同樣也能產生電流。

法拉第十年不懈的努力並沒有白費，一八三一年他提出了著名的電磁感應定律，並根據這一定律發明了世界上第一台發電裝置。如今，他的定律正深刻的改變著我們的生活。

法拉第成功的發現電磁感應定律，是運用逆向思維方法的一次重大勝利。

學習逆向思維法最有魅力的地方之一，就是對某些事物或東西，從反面進行利用。運用逆向思維是一種創造能力。逆向思維就是大違常理，從反面進行探索問題和解決問題的思維。

傳統觀念和思維習慣常常阻礙著人們的創造性思維活動的展開，逆向思維就是要衝破框框，從現有的思路返回，從與它相反的方向尋找解決難題的辦法。常見的方法是就事物的結果倒過來思維，就事物的某個條件倒過來思維，就事物所處的位置倒過來思維，就事物起作用的過程或方式倒過來思維。生活實踐也證明，逆向思維是一種重要的思考能力，它對於全面人才的創造能力及解決問題能力的培養具有相當重要的意義。

把不佔優勢的事情發揮出潛在的優勢

創新要學會把本來不占的產品發揮出潛在的優勢。——馬雲

我們的事業中常會遇到資源匱乏的問題，但只要我們肯動腦、善創新，激發腦中的無限創意，就一定能夠將問題圓滿解決，讓有限的資源產生無限的價值，把本來不佔優勢的事情發揮出潛在的優勢。

馬雲認為，把一個本來不佔優勢的事情，充分發揮出潛在的優勢，是打破常規的真正精髓。

二〇〇五年馬雲在青島網商論壇上演講時，很多人都很納悶阿里巴巴怎麼把總部設在杭州，而沒有設在北京、廣州。馬雲說：「到今天為止我還是堅定不移的相信阿里巴巴總部設在杭州是沒有錯的。第一，任何公司都必須貼近自己的客戶，客戶在哪裡你就要在哪裡，如

果今天阿里巴巴是做電子政務的話，我們就應該搬到北京去。做電子商務必須在離中小型企業最近的地方，也就是說浙江、江蘇、廣東一帶，杭州很好。第二，北京的企業都相信國有大企業，假如我們在北京，阿里巴巴在那裡相當於五百個兒子中的一個，誰都不關心你。在上海他們只相信跨國公司，只要你是微軟、IBM，他們會像請佛一樣請你，大陸的本土公司沒人理，我們本來準備把總公司放在上海，後來還是放在了杭州。最後我們突然發現杭州還是自己的家，杭州的幾百萬老百姓因為阿里巴巴回來而感到驕傲，我們杭州的計程車司機在幫我們做廣告，杭州西湖上划船的人雖然不知道阿里巴巴是什麼，但知道反正我們有一個公司是阿里巴巴。」

杭州相對於國際城市上海來說，無論是硬體還是軟體對於從事電子商務的阿里巴巴來講都看似是一件不佔優勢的地方，馬雲卻能在這種「劣勢」中開發出「優勢」，正展現了打破常規的精神與智慧。

我們在做任何事情的時候都有可能會遇到資源匱乏的問題，但只要我們肯動腦、善創新，激發腦中的無限創意，就一定能夠將問題圓滿解決。也許我們手裡的資源不充足，但那又有什麼關係呢？只要我們敢想、敢做，有創意在，就會有成功的一天。

一九八八年，在一年一度的全國科技進步獎評選中，聯想中文卡只得了二等獎。這個結果讓柳傳志異常憤怒，他認為這是因為評審委員完全不瞭解中文卡價值的緣故，才會造成如此不公平的結果。聯想中文卡本該拿到一等獎的，但由於專家們把聯想中文卡理解為單一的電腦輔助產品，對於中文卡的巨大貢獻沒有充分的重視。

於是他派郭為去把一等獎追回來，並表示：除非「委員會」改變成命，否則他將拒絕接受這個「二等獎」。人人都認為他這是在虛張聲勢，只有郭為認真對待。郭為和李嵐隨即出馬，雖然這兩個充滿激情的年輕人十分自信樂觀。但是，兩人很快就意識到，柳傳志是在命令他們做一件不可能的事情。因為評審的結果已經在《人民日報》上公佈，覆水難收。且評選結果也已經在《人民日報》上公佈了，變更談何容易。

國家科技獎勵辦公室的那個張主任根本就不見他們，只派了手下工作人員傳來一句話：「我們還沒做過把二等獎改成一等獎的事呢，倒是有過把二等獎改成三等獎的事。」

不過，這個看似不可能的既定事實並不是完全不能改變的。雖然評審委員從未有過改變成命的先例，但他們還有百分之五的希望，那就是啟動「覆議程式」：由「委員會」裡十位以上的專家聯合署名提出申請，並且詳細申明初審不當的理由。

當時的情況是，郭為和李嵐都是初進公司的電腦外行，並且如果直接去遊說專家的話，專家們有可能會覺得郭為他們是在走後門，起不到什麼實質性的效果。

他們採取了迂回路線，把記者們分別請到賓館裡「聊天」，於是在一九八八年的最後幾個月裡，報紙上不分緣由地登滿了關於聯想式中文卡的報導，都說這東西如何神奇，如何成為一座橋樑把中國人引進電腦的殿堂。《望》雜誌說它「已經銷往國內二十多個省市」。《北京日報》說它「已經行銷到世界十個國家和地區」。《科技開發動態》一會兒用專業術語說，「這是國內外漢字功能最強的系統之一」，一會兒又用詩人的語言說：「她就像躁動於母腹的一個嬰兒，具有很大的生命力。」在當時比較有影響力的《光明日報》、《經濟日報》、中央電視臺、廣播等媒體上連篇累牘的宣傳中文卡。這樣做的目的就是為了讓那些投反對票的專家產生這樣一種心理：是不是我原來看得有點問題？

緊跟在後面的就是，一個一個登門求見。第一個是中國科學院的副院長孫鴻烈，此人本來就在為聯想鳴不平，自然一說就通。然後兩人拿了孫鴻烈的簽名去找別人。一見面就送上事先準備的全套資料，言辭懇切地陳述理由，再遞上早已寫好的申請書，等著人家簽名。在李嵐的記憶中，一九八八年她似乎沒做別的，就是這件事。她見了人就說自己是「聯想的代表」，感受了熱情也感受了冷漠，見識了開門見山也見識了拐彎抹角，更體會到了被嚴詞拒絕的難堪。公關組在登門拜訪時，並沒有剔除過分的要求，只是說「請你到我們公司來，我再一次給你展示聯想中文卡」。

為了迎接委員們的到來，柳傳志和倪光南在持續兩個月的時間裡全都出馬，公司搭建了臨時展廳，擺上了全部插著聯想式中文卡的電腦。委員們陸續到來，有時候是一群人，有時候是一個人，無論多寡都能感受到細緻周到的接待。對無論專業還是非專業的問題都一一耐心解釋，因為這不僅是個技術展示的過程，而且也滲透著一種微妙的公共關係。

就這樣聯想一個人一個人的做工作，終於攻下了十個人。十名專家聯名五十個專家開會。決定命運的會議終於在京西賓館召開。五十個評審委員都在場。聯想需要至少三分之二的選票才能如願。他們來到會場，還有最後一個機會展示自己的成果。然後一行人走出來，站在走廊上等待消息，個個緊張萬分，就像罪犯在等待法庭的判決。

五分鐘後消息傳來，居然成功了。走廊裡一聲歡呼，大家又跳又叫，李嵐倚壁而泣，郭為一頭栽在地毯上，暈將過去。

當日評選已經結束，名單業已內部公佈，想更改結果可謂難於上青天。郭為一個評委一個評委的解釋、談話，居然獲得了成功，最終公佈的名單中，聯想漢字系統終於獲得了一等獎。

郭為把本來不佔優勢的事情發揮出潛在的優勢、把百分之零點一的希望變成現實的能耐，讓柳傳志看到了他的才能，也為他後來執掌神州數位埋下了伏筆。

資源不在多少，而在於怎樣利用。巴西的礦產資源非常豐富，但國民生產總值遠遠比不上日本；瑞士更可以說是個彈丸之地，卻創造出舉世矚目的財富。資源的確有限，可是對資源的利用方式是無限的，這無限的可能性則來自無限的創意。我們要學會把有限的資源發揮到最大程度，讓希望在我們手心緩緩開出美麗的花朵來。

Good Choice 大大的享受拓展視野的好選擇

欲望不止，幸福不至

正面思考系列 48

該放就放，是一種智慧，也是一種灑脫。
這個世界有著太多的浮躁和誘惑，一不小心就會掉入欲望的陷阱，
我們需要保持一份本真的自我，給自己的心靈留一塊清淨之地。
逝去的歲月如白駒過隙，無論你如何的留戀，
它都不會屬於你，唯一可以擁有的就是當下這一瞬間。

人，原來沒有十全十美

正面思考系列 49

世間事皆有兩面。
有錢的人不一定快樂，位高權重的人不一定安然。
記住，你所有的就是你自己獨特的風格，
無須羨慕高山，高山也有孤寡。
做好自己，你就是自己的風景。
別吝嗇用最寬廣的字義來形容自己，因為那正是你該實現的目標。

相對幸福和絕對幸福

正面思考系列 50

愛正如一道最溫暖的陽光，將每個人的心底全部照亮。
那些陰霾、灰暗、消沉的東西都會在愛的光芒下消失得無影無蹤，
再難尋到痕跡。
因為愛，我們才會出生；因為愛，我們才會成長與成熟。
每個人的生命歷程都離不開愛，才能讓每一顆鮮活跳動的心都活在
善意安穩的幸福裡。

大拓

TALENT Tool

大大的享受拓展視野的好選擇

大拓 Talent TooL

永續圖書線上購物網

www.foreverbooks.com.tw

謝謝您購買 成就大業的冒險精神－馬雲教戰守則 這本書！

即日起，詳細填寫本卡各欄，對折免貼郵票寄回，我們每月將抽出一百名回函讀者寄出精美禮物，並享有生日當月購書優惠！

想知道更多更即時的消息，歡迎加入"永續圖書粉絲團"

您也可以利用以下傳真或是掃描圖檔寄回本公司信箱，謝謝。

傳真電話：（02）8647-3660　　信箱：yungjiuh@ms45.hinet.net

☺ 姓名：　　□男 □女　　□單身 □已婚

☺ 生日：　　□非會員　　□已是會員

☺ E-Mail：　　電話：（ ）

☺ 地址：

☺ 學歷：□高中及以下 □專科或大學 □研究所以上 □其他

☺ 職業：□學生 □資訊 □製造 □行銷 □服務 □金融

□傳播 □公教 □軍警 □自由 □家管 □其他

☺ 您購買此書的原因：□書名 □作者 □內容 □封面 □其他

☺ 您購買此書地點：　　金額：

☺ 建議改進：□內容 □封面 □版面設計 □其他

您的建議：

廣告回信
基隆郵局登記證
基隆廣字第57號

新北市汐止區大同路三段一九四號九樓之一

大拓文化事業有限公司收

請沿此虛線對折免貼郵票，以膠帶黏貼後寄回，謝謝！

想知道大拓文化的文字有何種魔力嗎？

- 請至鄰近各大書店洽詢選購。
- 永續圖書網，24小時訂購服務
  www.foreverbooks.com.tw
  免費加入會員，享有優惠折扣
- 郵政劃撥訂購：
  服務專線：(02)8647-3663
  郵政劃撥帳號：18669219